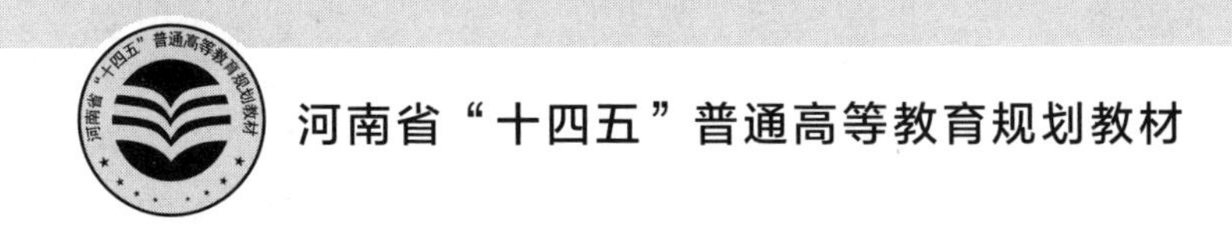

河南省“十四五”普通高等教育规划教材

动物病理学实验 “四段一评”双语教程

刘志军　廖成水　主编

化学工业出版社
·北京·

内容简介

全书以“兴趣、能力培养”为原则，以“知识巩固、技能训练”为方法，应用“四段一评”教学模式，进行教师示范授课、学生观片与自问、学生间交流提问与师生间交流、课堂随机抽查考试、教师点评，对学生的上课积极性、潜力、实践能力起到了较好的启发与锻炼作用。全书按教学内容与教学方法、学生实践活动、学生实验交流活动、学生实验质量控制与教师点评四个方面在动植物检疫、动物药学等专业示范运行，在动物医学专业推广应用。本书在动物病理学实验教学领域是一部全面、系统、深入进行素质与能力相结合的双语本科实验教材。

图书在版编目（CIP）数据

动物病理学实验“四段一评”双语教程：汉文、英文/刘志军，廖成水主编．—北京：化学工业出版社，2022.11

河南省“十四五”普通高等教育规划教材

ISBN 978-7-122-42092-3

Ⅰ.①动…　Ⅱ.①刘…②廖…　Ⅲ.①兽医学-病理学-实验-高等学校-教材-汉、英　Ⅳ.①S852.3-33

中国版本图书馆CIP数据核字（2022）第160910号

责任编辑：邵桂林　　　　装帧设计：关　飞

责任校对：王鹏飞

出版发行：化学工业出版社（北京市东城区青年湖南街13号　邮政编码100011）

印　　装：三河市延风印装有限公司

710mm×1000mm　1/16　印张13　字数247千字　　2022年11月北京第1版第1次印刷

购书咨询：010-64518888　　　　售后服务：010-64518899

网　　址：http://www.cip.com.cn

凡购买本书，如有缺损质量问题，本社销售中心负责调换。

定　价：49.80元

编写人员名单

主　编

刘志军　廖成水

副主编

郁　川　张　旻　刘海强　银　梅　吴玉臣

审　校

龙　塔

编写人员

刘志军　廖成水　郁　川　张　旻　刘海强　银　梅　吴玉臣　刘　梅　王俊锋　王国永　李　翔

前言

“教师讲授，学生观片”形态学传统教学模式已不能适应高素质兽医学人才培养的要求。如何以“学生为中心”，充分发挥教学过程中教师的主导性与学生的主体性，形成教师与学生互动的“双创”能力培养课程模式，这是目前素质教育的核心诉求。河南科技大学动物病理课题组于2013年开始探索动物病理学实验课程教学改革，2014年提出分段式实验教学新思路，2015年初步形成“教师讲授、学生观片、交流讨论、课堂随机测验、总结点评”的“四段一评”实验教学新模式，2015年11月获得河南科技大学教育教学改革重点资助（项目号：2015YBZD-002）、2017年11月获得河南省高等教育教学改革研究与实践省级立项资助（项目号：2017SJGLX288）、2015年通过河南科技大学教育教学校级鉴定（鉴定号：HKDJGC G201-717）、2019年通过河南省高等教育教学改革研究与实践项目省级鉴定（鉴定号：豫教〔2019〕30072）、2020年1月获得河南科技大学教学成果一等奖。

以“兴趣、能力培养”为原则，以“知识巩固、技能训练”为方法，应用“四段一评”教学管理和方法，进行教师示范授课（15分钟）、学生观片与自问（35分钟）、学生间交流提问与师生间交流（25分钟）、雨课堂情景考试（10分钟）、教师点评（5分钟），对学生的上课积极性、潜力、实践能力起到了较好的启发与锻炼作用。按教学内容与教学方法、学生实践活动、学生实验交流活动、学生实验质量控制与教师点评四个方面在动物检疫、动物药学专业示范运行，在动物医学专业推广应用。

《动物病理学实验“四段一评”双语教程》实验项目及内容是根据我国当前4年制本科动物医学专业的整个课程设置及新农科教育教学特点来安排的。全书共有十一个实验内容：实验一，局部血液循环障碍；实验二，细胞与组织的损伤；实验三，适应与修复；实验四，炎症；实验五，肿瘤；实验六，造血与免疫系统病理；实验七，呼吸系统病理；实验八，消化系统病理；实验九，泌尿系统病理；实验十，神经系统病理；实验十一，家禽尸体病理剖检诊断。为了突出培养大学生学习主动性，激发其主动发现、想象、探索，训练其逻辑思维、创新意识、实践能力，建设成教师与学生互动的“双创”能力培养课程，本书严格按照“四段一评”成果体系及雨课堂教学特点进行设置，不仅有利于素质教育在动物病理学课程的开展，而且也起到了高屋建瓴的作用。本书深入浅出，图文并茂，各个实验联系紧密又独立成篇。

本书受到河南省教育厅高等教育教学改革研究项目（项目号：2017SJGLX288）、河南省教育科学“十四五”规划课题（项目号：2021YB0678）、洛阳职业技术学院教育教学改革研究项目（项目号：JYJXYB200113）的资助。

河南科技大学动物科技学院龙塔教授对整个编写工作进行了悉心的指导，在此表示最衷心的谢意！

由于作者水平有限，书中难免存在不妥之处，敬请读者批评指正，以期在以后的工作中不断改进。

刘志军

2022年2月

目录

绪 论

实验教学改革是教学改革的重要组成部分。近年来，为了培养适应社会主义现代化建设的厚基础、宽口径、高素质、强能力的复合型动物医学人才，笔者在实验内容上及教学手段上对动物病理学实验教学进行了尝试性探索。动物病理学课程是动物医学专业开设学科中的主干课程，在大学本科动物医学专业培养方案中具有重要地位。同时，该课程将动物病理解剖和动物病理生理进行整合为一门课程，是动物基础医学与临床医学之间的重要桥梁学科，为其专业课的学习构筑理论和基本技能平台。任何教育活动都是时代精神的缩影，必须随着时代的发展而发展。以往传统的封闭式动物病理实验教学方式，不仅影响教学效果，而且不利于动物医学专业动物病理学科教学的发展。因此，在病理实验教学中，教师要充分利用现代教学手段并结合传统授课方式，在课堂教学中以学生为主体，从培养学生学习和实践的态度、思维和能力出发，以激活学生主动地去发现、去想象、去探索，形成科学品质、创新意识和实践能力为目标的一种教学实践，变“被动填鸭式”为“主动觅食发现探索式”，使学生成为具有初步创新精神和实践能力的人，提高教学效果。笔者对其具体做法和已取得的初步成果进行了分析和总结，对该课程目前在改革中出现的主要问题做了讨论，提出了具有“四段一评”特色的实验教学新模式，为本课程及其相关课程实验教学的进一步深化改革提供了重要的参考依据。

一、“四段一评”教学方法的改革

（一）教学手段的改革

传统通过挂图、板书或示教的实验课教学方式不仅会使学生感到枯燥无味，而且限制了师生之间的交流。如学生在显微镜下观察到的病理变化，由于缺乏相关专业术语的运用，很难提出独特的见解与问题，已不能满足培养学生综合素质的需求。而且，动物病变器官用甲醛处理后，就失去了应有的色泽与特征，不利于学生观察与学习。另外，传统的病理实验教学中，学生通过显微镜观察病变组织切片，画图，效率低下，限制了学生小组间的课堂交流与讨论。随着现代网络科技的蓬勃发展，多种现代教学手段，如多媒体、网络互动式显微镜工作站等纷纷进入教学领域，已经成为教师的助力。多媒体教学图文并茂、生动鲜明、动画演示和音像示教的特点，使得传统口述的实验内容变得形象生动，不但充分调动学生感官认识，激发学习兴趣，而且极大地强化了学生对实验操作内容的理解与记忆。而网络数码实验工作站的出现，使得学生间的交流与讨论成为简便易行的事，提高了学生学习效率。

（二）“四段一评”对学生学习动机的激发与培养

1. 兴趣的培养

兴趣是最好的老师。心理学研究和实践证明，大学生正处于人生的黄金时期，精力充沛，对新鲜事物很好奇，但是注意力不易稳定集中，意志力和自制力较弱，往往凭兴趣认知。因此，培养动物医学专业学生学习动物病理学的兴趣，激发他们学习的积极性尤为重要。然而兴趣不是天生的，如何培养其对动物病理实验课的兴趣呢？首先，质疑设问，引发兴趣。学起于思，思源于疑。学习新知识，实际上就是设疑、解疑的过程。教师在教学中要有意识地提出问题，把它摆在学生的面前，使他们先感到“山重水复疑无路”，带着问题，由因及果地学习。其次，实验课主讲教师应该依据实验内容和学生实际，精心设计好每堂实验课的开讲导语，用别出心裁、平中有奇的导语来激发学生的学习兴趣。然后创设“情境”问题，让学生知道学习的目的在于解决何种问题，即在教学中创设能激发学生好奇心的环境，从而达到激发学生学习兴趣的目的。

2. 建立激励机制

激励科学起源于西方的管理科学，它对指导组织进行成员管理、调动其积极性产生了重要影响和促进作用。法国教育学家第斯多惠曾经说过：教学艺术的本质不在传授而在激励、唤醒与鼓舞。那么，怎样去建立一套适合动物医学专业学生学习动物病理实验知识的激励机制呢？大学生具有自我实现的需要、精神满足的需要、提升道德观念的需要、渴望肯定的需要与适当的物质激励机制的需求。大学生的进取心极强，渴望被肯定、关注，恰好竞赛具有这种实现途径，虽然竞赛对学生有压力，但更能形成动力，激发其潜能，培养集体主义精神和团队合作意识、组织纪律性和责任感，从而提高学生学习的效率和效果。本教研组从其五个需求出发，建立了一套与实验成绩挂钩的激励机制。

二、“四段一评”实验课内容的改革

（一）实验教学内容模式化

由于动物病理实验依附于动物病理学理论内容，主要目的是用来验证基本理论，缺乏对学生工作能力和创造性思维的培养；因此，实验教学内容的改革成为对动物病理学实验探索的重点。首先，提出了符合新农科教育教学要求的“四段一评”的实验教学新模式：第一阶段，由实验教师向学生讲授本次实验的目标、内容及操作等；第二阶段，学生通过观察大体病变标本及镜下观察，验证动物病理学基本理论；第三阶段，情景“问题”阶段，本教研组将临床病死动物生前的典型病理症状、死后病理变化以及病理切片的典型变化拍照或摄影，然后制作、整理、编辑，从而将动物医院病理诊断搬进了实验课堂，从而克服时间与空间的限制，对学生分组，引导他们应用所学知识解决实际问题，从而改变学生不重视动物病理学这门学科的观点；第四阶段，即考核阶段；最后，由实验主讲教师引导学生进行讨论、分析、归纳、总结。

（二）实验教学课时的统筹

传统的实验教学课程，每个实验需要 2 个学时，教师教课及示范需要 1 个学时，学生动手实验需要 1 个学时。随着多媒体等现代辅助教学设备的应用，如果仍然按照上述学时安排，教师必须向学生讲述更多的内容，往往产生信息风暴，超过了单位时间内人脑对信息的接收承受能力，就会限制学生对实验内容的理解与掌握。当学生进行病理变化分析时，会降低主动探索的积极性，从而造成学生对该学科学习兴趣的缺失，造成学生实验课上精力不集中、没有紧迫感等不良情况的产生。针对上述问题，笔者对教学内容及时间安排做了改进。为了学生能够充分利用时间，主动探索知识，对模块进行了紧凑安排，将教师讲授内容限定在 20 分钟内，然后给学生 35 分钟时间自己观看大体标本与微观病理变化。然后将“情景”问题资料发给各组，由各组学生分析讨论 20 分钟，再由每组学生推出 1 名代表讲述该组学生对“情景”问题的分析结果，每组各 4 分钟。最后，由实验教师对学生的分析结果做分析、归纳、总结，用时 10 分钟。

（三）实验教学课堂评价方法的改革

传统的动物病理学实验课对学生的评价主要依据是学生出勤率与实验报告的完成情况，实际上，评价对象就是实验报告书写是否规范。由于学生都是在课后书写实验报告，不可避免地出现学生之间相互借鉴甚至抄袭，结果常出现千人一面的事，多篇实验报告错处完全一样。然而，教师在批改实验报告时，会给那些没有认真做实验却拷贝优秀实验报告的学生高分，对其他学生不公平；同时，其对于学生学习的督促作用也流于形式。故必须摒弃上述传统的动物医学专业学生实验课学习效果的评价方法。为了督促学生充分利用有限的实验时间提高学习效果，笔者设计了一套科学地评价、检验学生对设定内容与目标的掌握情况与熟练程度的反馈机制，制订新的动物病理实验课学生学习效果评价标准：首先，对学生学习迁移能力的培养，引入了实验课课堂考核环节，把它与“四段一评”中的“情景”问题阶段结合在一起，在学生完成第三阶段后，立即进入该环节；其次，将实验课堂考核环节与实验报告的评分比例设为为6∶4，也即在期末成绩评定中，加大平时的给分比例，降低实验报告的比例，激励学生在实验课上的动因与成就感，避免学生认为只要认真写好实验报告就行的错误观点。

三、“四段一评”教学模式的应用

根据现在的实验学时和教学条件，经过近年来的实践，教研组逐渐形成了一套独具特色的“四段一评”系统教学方法，适应了教学改革的需要，深受学生们的普遍欢迎，取得了良好的教学效果。由于将所学的理论知识直接与实践相结合，教学效果明显提高，学生感到学有所用，学得更加扎实，记得更加牢固。学生对学好本门课程的重要性也有了更明确的认识。

总之，通过对动物病理实验课程教学的改革与探索，该课程内容安排更加合理、科学，更能调动学生学习的积极性。在内在需求的动机激励下，促进学生从“要我学”向“我要学”的转变，学生较好地掌握了动物病理实验基本技能与理论，为后续课程的学习和工作奠定了很好的基础。

（刘志军、银梅、吴玉臣）

实验一 局部血液循环障碍

【Overview】

1. Necropsy

1.1 Congestion (Porcine skin)

The skins of the mouth, the cheeks, the edge and tip of the ears as well as the neck are dark red. The skins of the hooves are dark red to purple. The skins of the upper lip, lower lip are blue purple, even purple. The abdominal skin, the inner skins of the hind limbs as well as the skin of the genitals are dark.

1.2 Hemorrhage (Pig)

The millet or elm money-shaped bleeding spots in the skin of the snout and lower lip are bright red. The mucous membrane of the larynx is swollen, with mild chronic hemorrhage. The body of the stomach is swollen, the subserosal blood vessels in the greater curvature of the stomach are congested, the mucosa of the stomach is swollen and the mucosa surface is covered with yellow, pale pink serous, serous-mucus, mucous exudates, needle-like hemorrhagic spots diffusely distribute on the mucosal surface. The bladder mucosa was swollen, needlepoint-shaped, millet-shaped, striate-shaped hemorrhagic spots are scattered on the bladder mucosa at the ureteral junction.

1.3 Hemorrhagic infarction (Porcine spleen)

The spleen is slightly swollen, and the edges, especially the spleen head, have multiple infarcts which are dark red and inconsistent sizes, as well as the texture is slightly hard. Multiple infarcts can be fused together and the nodular or vertebral infarcts are observed in the cut surface of the spleen, in which the infarcts are black due to massive hemorrhage, however, the central part of the infarct is pale, dry and dull due to arterial blood loss. The outline of the spleen structure is basically clear, in addition, there are dark red hemorrhagic inflammatory infiltrates around the infarct.

2. Microscopic lesions

2.1 Liver congestion

Under low magnification, the boundary of the hepatic lobule is very clear, in which the central vein of the hepatic lobule is filled with a number of red blood cells, however, the number of erythrocytes in the hepatic sinusoids around the central vein of the hepatic lobule reduce, some hepatic sinusoids are anemic, and a large number of erythrocyte clumps form in the hepatic sinusoids in the peripheral area of the hepatic lobule, that is severe congestion, in addition, veins in the interlobular portal area extremely dilate, filled with a large number of red blood cells, that is severe congestion, small bile ducts and arterioles are normal.

Under high magnification, the central vein of the hepatic lobule has a clear edge, the fibrous vascular endothelial cells are closely connected, the natural pores are connected with the hepatic sinusoids, a small amount of red blood cells are scattered in the blood vessels, the adjacent hepatic sinusoids have few red blood cells, or even lack red blood cells, that is typical anemia or ischemia; radial hepatic cords are arranged around the central venous area of the hepatic lobule, and the volumes of hepatocytes are normal, the hepatic sinusoids in the perilobular area are extremely dilated due to accumulate a large number of red blood cells, and the volumes of hepatocytes are significantly reduced.

2.2 Pulmonary congestion

Under low magnification, the sizes of the alveoli are inconsistent, the alveolar wall is significantly widened, and the blood vessels are filled with a large number of red blood cells. A small amount of red blood cells appear in some alveoli, which shows slight hemorrhage. The bronchiolar mucosa is closely arranged. The pulmonary veins are extremely dilated and filled with a large number of red blood cells, in addition, a lot of red blood cells mass are filled in pulmonary arteries as well as capillaries of lymphatic tissue in the lung, which show obviously dilated and congested. The bronchial mucosa cells around the cartilage tissue are detached.

Under high magnification, the sizes of chondrocytes in the cartilage tissue are inconsistent, in which chromatins in the nucleus of the cartilage cells became less. The volumes of fibroblasts in the connective tissue are normal around the cartilage tissue and the capillaries and venulae in the peripheral area of cartilage tissue are extremely dilated and congested. The venulae and capillaries in the alveolar wall are extremely dilated and congested and filled a lot red blood cells, whose blood vessel walls are clearly visible. A small amount of serous fluid and red blood cells exude in the alveolar cavity.

2.3 Pulmonary hemorrhage

Under low magnification, the outline of most pulmonary alveoli is unclear due to the alveolar space is filled with red blood cells. Only a few alveolar cavities are hollow, in which the edges are approximately round with gas retention, so loss of gas exchange function can happen.

Under high magnification, the alveoli cavities are extremely dilated with a large number of red blood cells, which show severe hemorrhage.

2.4 Thrombosis

Under low magnification, the oval emboli in the hepatic venules are located in the center, and only the periphery of the vessel wall is hollow in order that blood passes through.

Under high magnification, a large number of red blood cells in the thrombus in the pulmonary venulae are mixed in the grid-like fibrin, which is a red thrombus.

2.5 Infarction

Under low magnification, the thrombus in the small arteries of the liver is replaced by granulation tissue, which can block arterial blood flow and result in necrosis of surrounding cells.

Under high magnification, the granulation tissue in the liver arterioles is mainly composed of a large number of elliptic fibroblasts and capillaries. Extreme ischemia of hepatic sinusoids in the periphery of liver lobules is observed with lack of red blood cells.

一、示范授课阶段

（一）实验目的

通过对局部血液循环障碍内容的学习能正确识别病变血管的鉴别特点，重点掌握充血、瘀血、出血、血栓形成、栓塞、梗死的病变特征。在局部血液循环障碍实验验证的基础之上，要求学生能独立进行显微镜下血管病变的诊断并能用恰当的病理术语描述血管病变特点，进一步理解病变发生的原因、机理以及其对机体的影响。

（二）仪器与耗材

1. 数码显微系统

2. 充血

（1）动脉性充血　肺充血（福尔马林固定大体标本、病理组织切片）。

（2）瘀血　皮肤瘀血（福尔马林固定大体标本）、肝瘀血（福尔马林固定大体标本、病理组织切片）、肺瘀血（福尔马林固定大体标本、病理组织切片）。

3. 出血

肺出血（福尔马林固定大体标本、病理组织切片）。

4. 梗死

出血性梗死（福尔马林固定大体标本、病理组织切片）、贫血性梗死（福尔马林固定大体标本、病理组织切片）。

5. 擦镜纸、香柏油、显微镜物镜镜头清洗液

（三）实验内容

1. 剖检病变

（1）瘀血（猪 皮肤瘀血）　病猪嘴部皮肤暗红色，脸颊皮肤暗红色，耳缘、耳尖暗红甚至黑色，颈部皮肤暗红色，蹄部暗红色甚至紫色，吻突、下唇皮肤蓝发绀，腹部皮肤、后肢内侧皮肤、阴部皮肤暗红色。

（2）出血（猪）　吻突、下唇皮肤粟粒大至榆钱大鲜红色出血斑点，喉头黏膜肿胀、轻度弥漫性出血点，胃体肿胀，大弯浆膜下血管充血，黏膜肿胀，表面充满黄色、淡粉红色浆液性、浆液-黏液性、黏液性渗出物，黏膜表面弥漫性分布针尖状出血点；膀胱黏膜肿胀，输尿管连接处膀胱黏膜散在性分布针尖状、粟粒状、条索状出血斑点。

（3）出血性梗死（猪 脾脏）　脾脏体积稍肿大，边缘（尤其脾头部位）有多个暗红色、大小不等隆突梗死灶，质地稍硬，多个梗死灶融合在一起。脾脏切面梗死灶多呈结节状或椎体状，梗死灶由于大量出血呈黑色，由于动脉血管断流，其中央部分组织色泽较淡、干燥、无光泽。梗死灶周围有暗红色出血性炎性浸润，脾脏结构轮廓基本清晰。

2. 显微病变

（1）肝瘀血

① 低倍镜：肝小叶界限较清晰，肝小叶中央静脉内充盈红细胞团块，其中央静脉周围区血窦内红细胞数量较少、部分肝血窦贫血，肝小叶外周血窦内充盈大量红细胞团、严重瘀血（图 1-1）；小叶间汇管区静脉极度扩张，充盈大量红细胞，严重瘀血；小胆管正常，小动脉正常（图 1-2）。

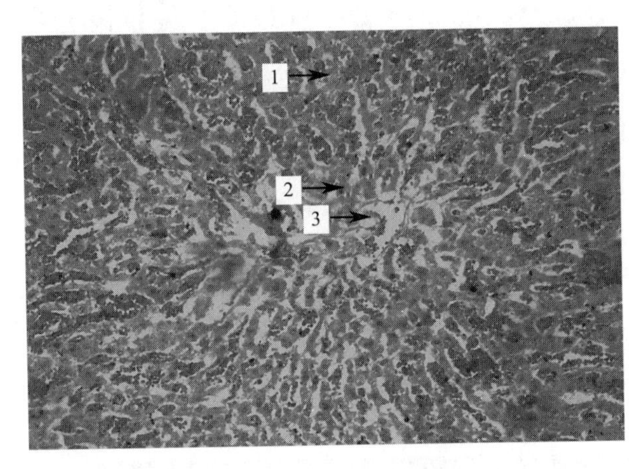

图 1-1　肝小叶瘀血（一）（HE 染色，100 倍）

1—肝血窦；2—肝索；3—中央静脉

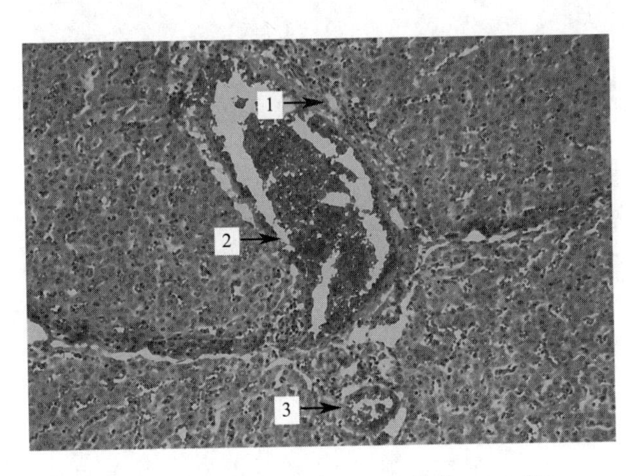

图 1-2　肝小叶瘀血（二）（HE 染色，100 倍）

1—小胆管；2—小静脉；3—小动脉

② 高倍镜：肝小叶中央静脉边缘清晰、纤维状血管内皮细胞紧密连接，自然孔道与肝血窦相通，血管内存在少量散在红细胞；相邻肝血窦红细胞较少，甚至

缺失红细胞，属于典型的贫血、缺血；中央静脉区域肝细胞索呈放射状排列，肝细胞体积正常（图 1-3），肝小叶周围区域肝血窦极度扩增、蓄积大量红细胞，严重瘀血，时间较久时，肝细胞体积显著萎缩（图 1-4）。

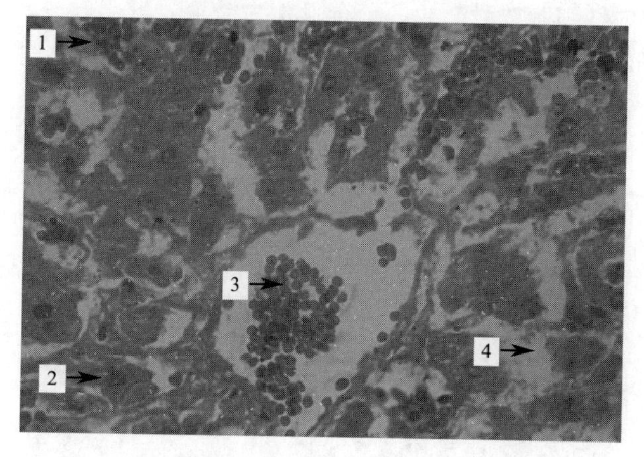

图 1-3　肝小叶中央静脉贫血（HE 染色，400 倍）

1—肝血窦；2—肝细胞；3—中央静脉；4—缺血

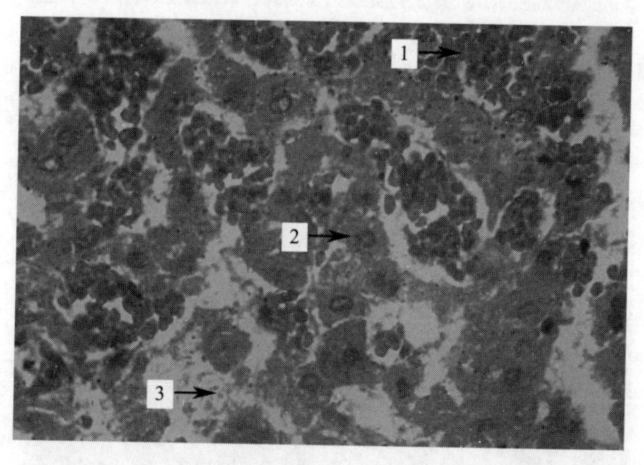

图 1-4　肝小叶周围区瘀血（HE 染色，400 倍）

1—肝血窦瘀血；2—肝索；3—缺血

（2）肺瘀血

① 低倍镜：肺泡大小不等，肺泡隔显著增厚，血管内充盈大量红细胞，有的肺泡内有少量血液，轻微出血；细支气管黏膜柱状上皮排布紧密，肺静脉极度扩张，充满大量红细胞（图 1-5）；肺动脉扩张充血、内有多量红细胞团块；肺内淋巴组织毛细血管扩张充血；软骨组织周围支气管黏膜上皮细胞崩解、脱落。

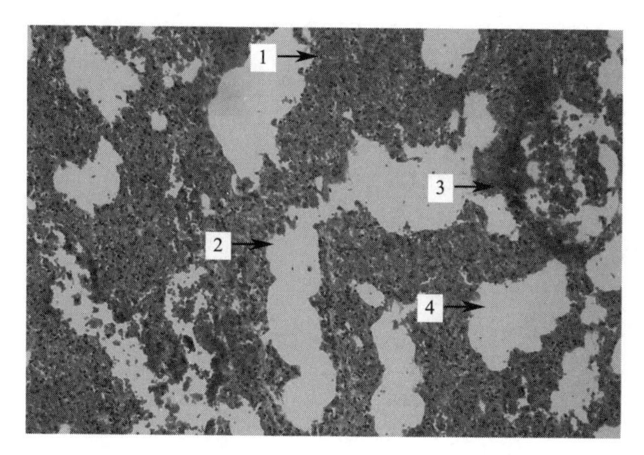

图 1-5　肺瘀血（一）（HE 染色，100 倍）

1—肺泡壁瘀血；2—细支气管；3—血液；4—肺泡腔

② 高倍镜：软骨组织内软骨细胞大小不等，软骨细胞核内染色质较少，软骨周围结缔组织成纤维细胞形态正常，其外围毛细血管、小静脉极度扩张充血；肺泡壁微静脉极度扩张充血、充盈大量红细胞，血管壁清晰可见（图 1-6），毛细血管极度扩张充血，肺泡腔内有少量浆液及红细胞渗出（图 1-7）。

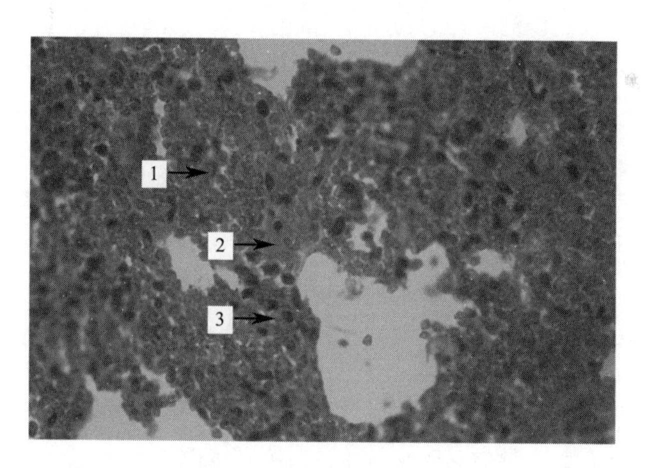

图 1-6　肺瘀血（二）（HE 染色，400 倍）

1—Ⅰ型肺泡上皮细胞；2—毛细血管；3—Ⅱ型肺泡上皮细胞

（3）肺出血

① 低倍镜：病变区多数肺泡轮廓不清，肺泡腔内充满红细胞，仅少数肺泡腔中空，但其边缘近似圆形，丧失气体交换功能，有的肺泡内有大量浆液渗出。

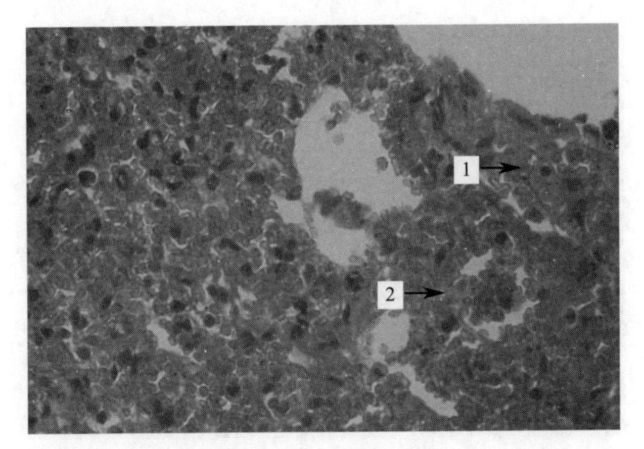

图 1-7 肺瘀血（三）（HE 染色，400 倍）

1—毛细血管；2—小静脉

② 高倍镜：肺泡隔极度扩张充血，肺泡腔内充盈大量红细胞，属于严重出血。

（4）血栓

① 低倍镜：肺脏小静脉椭圆性栓子位于血管中央，仅血管壁周围中空，仅少量血液流通。

② 高倍镜：肺脏小静脉内血栓内大量红细胞夹杂在网格状纤维素内，为红色血栓。

（5）梗死

① 低倍镜：肝脏小动脉内血栓被肉芽组织取代，引起动脉血断流，其周围细胞因供血不足而坏死。

② 高倍镜：肝脏小动脉内肉芽组织由大量椭圆形成纤维细胞构成，周围肝血窦内缺少红细胞、极度缺血。

（四）课后作业

画出显微镜下肺瘀血、肝瘀血形态图（低倍、高倍），标出主要结构并用病理学术语描述具体病变。

二、病理组织切片观察阶段

（一）观察内容

肺出血、肺瘀血、肝瘀血。

（二）观察要求

1. 数码显微系统操作

要求每位学生认真、细致操作数码显微系统，独立完成三种病理组织切片的观察。

2. 显微病理问题处理

要求每位同学准备1个笔记本，将病理组织切片观察过程中碰到的问题记录下来（至少5个问题）。

三、网络化分析问题阶段

（一）分组

座位相近或相邻的4～6名同学为一组。

（二）要求

要求小组的每位同学做好“三问”——问自己、问同学、问教师。首先，结合动物病理学理论教材、实验课教材，甚至互联网上的相关知识独自进行问题解答，与同学们进行分享解析过程；然后，碰到自己解答不了的问题，小组成员进行分析、讨论，协同集体智慧解析问题；最后，小组集体解决不了的问题，推送至雨课堂教学系统，师生一起进行网络化分析、讨论、交流，碰到具有代表性的问题，由教师通过数码系统的广播教学进行全班同学分享。

（三）问题汇总

（1）为什么我和左右两边同学三个人都是肝瘀血的切片，但是看上去不太一样呢？

（2）图1-8中间的那一大片区域是血管吗？周围那些细小的线状是毛细血管吗？

（3）如图1-9所示，这是白色梗死吗？

（4）图1-9深色聚集区是否是肝细胞聚集区？

（5）图1-10中空白区是否都为血管？

（6）图1-11中黑圈中的杂质是什么？

（7）如果动物个体肝瘀血，会表现出有何症状，如果不进行解剖如何确认？

（8）图1-12所示，为什么瘀血存在于肝血窦里？

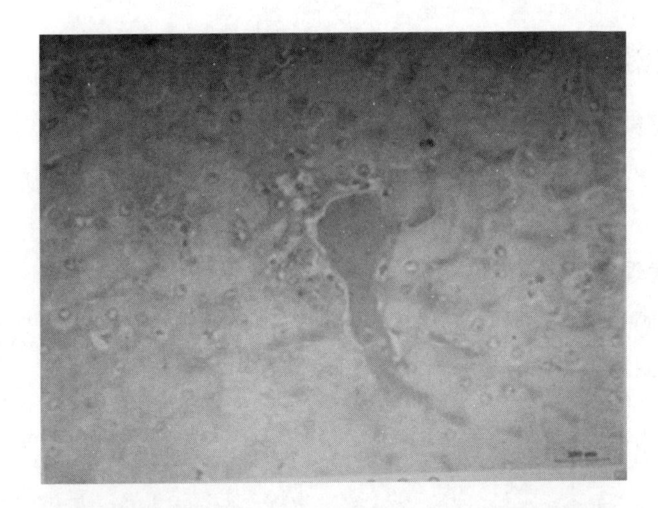

图 1-8

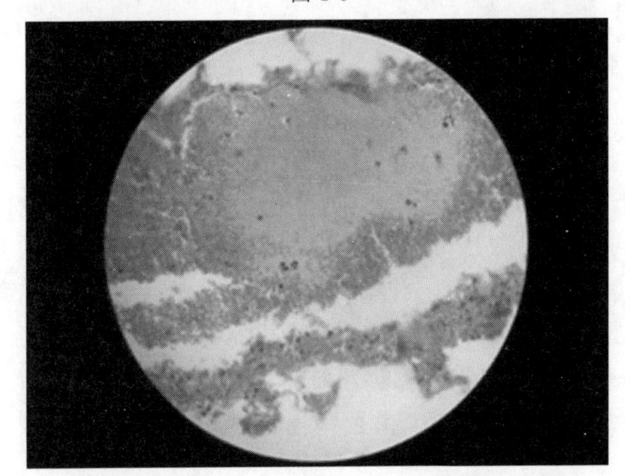

图 1-9

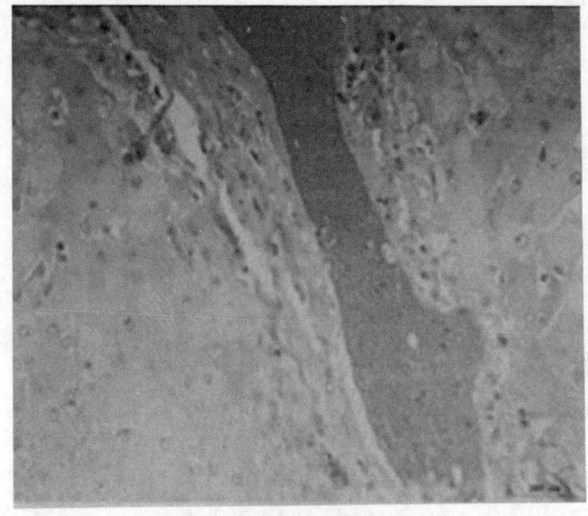

图 1-10

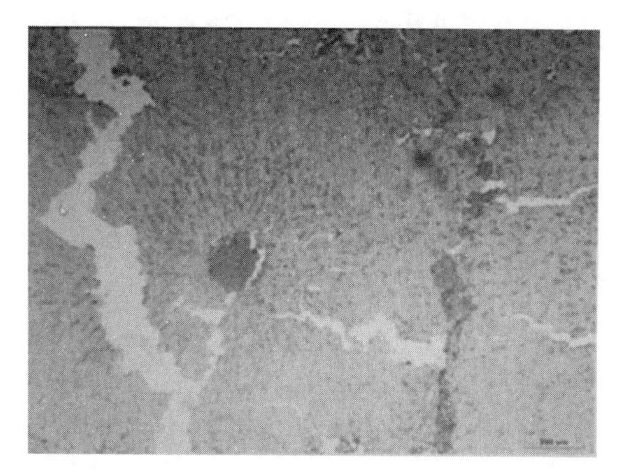

图 1-11

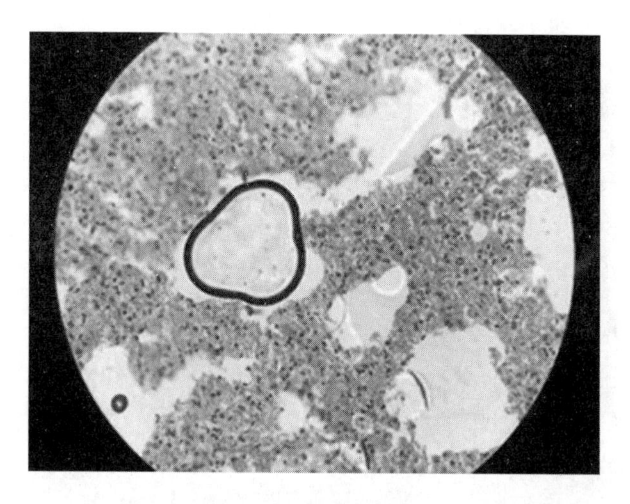

图 1-12

(9) 肺出血导致肺泡壁内充满大量的红细胞，如果肺出血严重的话，大量涌进去的红细胞会不会致使肺泡破裂性出血？

(10) 图 1-13 中央空腔是肺泡腔还是中细支气管？

(11) 观察肺瘀血时如何准确分辨肺泡Ⅰ型细胞与肺泡Ⅱ型细胞？

(12) 瘀血情况下怎样判断哪里是血管和肝血窦？

(13) 切片上有一小块较其他部位的颜色淡是什么原因？

(14) 在高倍镜下，如何辨认血管和肝血窦？

(15) 为什么一些血管中仍存在大量红细胞？

(16) 肺泡Ⅰ型细胞和肺泡Ⅱ型细胞的区别以及怎样区分它们？

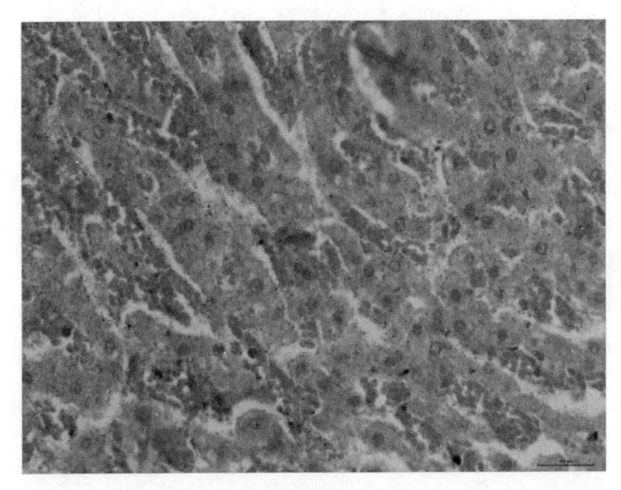

图 1-13

（17）图 1-14 中的块状物体是血浆析出形成的吗？

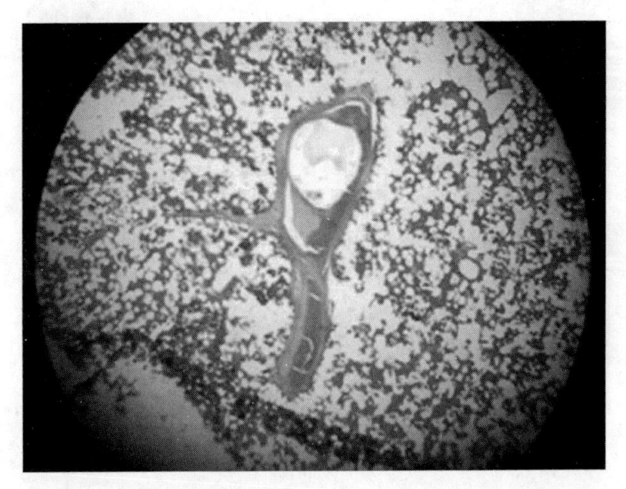

图 1-14

（18）出血和瘀血的不同之处？

（19）充血和瘀血都会有红色块，如何区分？

（20）如何在高倍镜下区分肺瘀血细支气管和肺泡腔？是否比较小的就是肺泡腔？

（21）正常的肺与肺瘀血有什么区别？以及肺瘀血时肺泡壁、肺泡和红细胞的具体表现是什么？

（22）为什么瘀血严重部位的肝细胞体积显著变小？是否属于压迫性萎缩而不是缺血性萎缩？图 1-15 中黑色的小点是不是坏死的细胞？

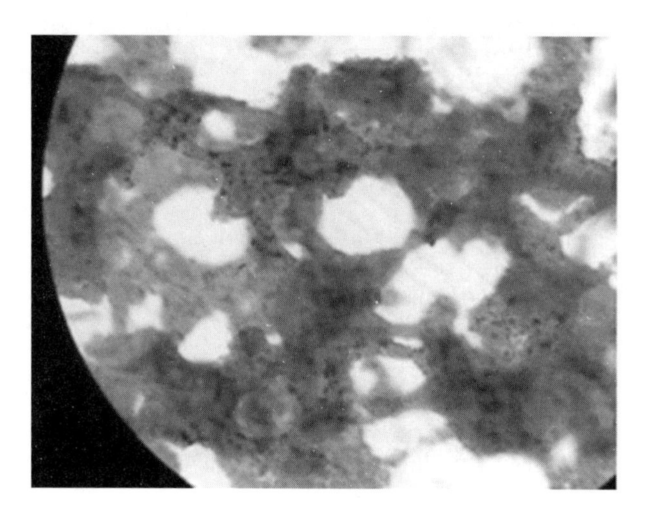

图 1-15

（23）充血、瘀血都能引起组织和器官中血量增多，这算不算血液流出心血管之外？这是出血吗？

（24）图 1-16 是肝的哪个部位？是小静脉吗？怎么分辨充满红细胞的肺泡？肝小叶中央静脉为啥是白色的，边缘区域是红色的？肝血窦部分为什么看着模糊？

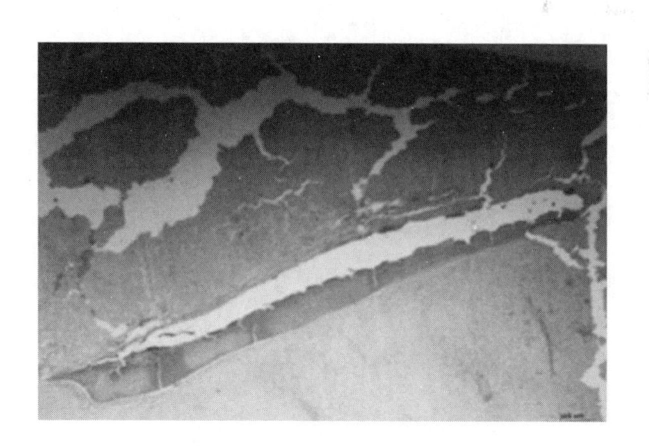

图 1-16

（25）肝瘀血和肾瘀血对机体伤害的区别是什么？

（26）在低倍镜下观察肺瘀血切片时，肺泡腔附近可以从哪些方面区分红细胞和炎性细胞？

（27）图 1-17 中肝小叶中央静脉在哪个位置？

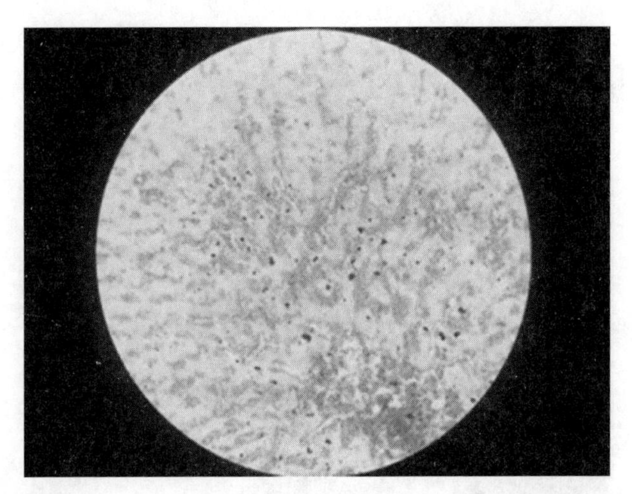

图 1-17

四、考核阶段

（一）考核内容

从肺出血、肺瘀血、肝瘀血的显微病理变化图中，选取具有代表性的病理图片作为情景问题考卷。

（二）考核方式

每次实验课准备 4～6 套情景问题考卷，通过雨课堂教学系统下发，每个情景问题考卷包含了 4～6 个小问题，由学生进行病理图分析与观察，进行答题。

（三）考核评分

每个情景问题考卷 100 分，每个小问题为 10～20 分，根据学生回答问题的情况，由雨课堂教学系统自动评分。

（四）情景问题

1. 如图 1-18 所示，肺脏病变图中有 4 个问题需要作答，具体如下：

(1) 图中“A”是（　　）

A. 支气管

B. 肺泡壁

C. 血管

D. 肺泡腔

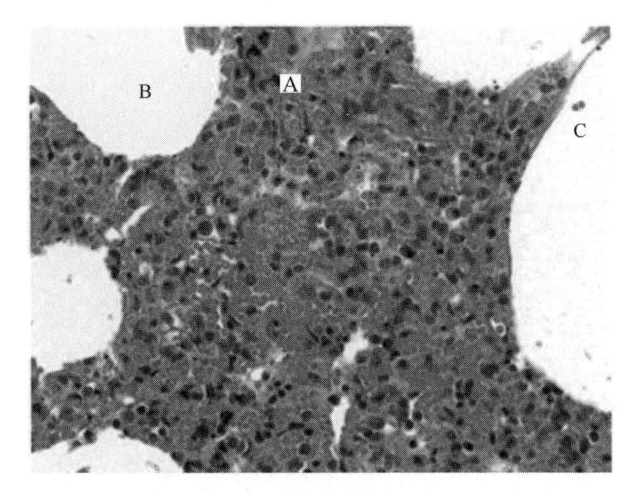

图 1-18

(2) 图中“B”是（　　）

A. 支气管

B. 肺泡壁

C. 血管

D. 肺泡腔

(3) 图中“C”是（　　）

A. 肺泡Ⅰ型上皮细胞

B. 肺泡Ⅱ型上皮细胞

C. 平滑肌细胞

D. 红细胞

(4) 图中肺脏病变是（　　）

A. 肺脏水肿

B. 肺脏瘀血

C. 肺脏出血

D. 肺脏气肿

2. 如图 1-19 所示，肺脏病变图中有 6 个问题需要作答，具体如下：

(1) 图中“A”是（　　）

A. 支气管

B. 肺泡壁

C. 血管

D. 肺泡腔

(2) 图中“B”是（　　）

A. 支气管

B. 肺泡壁

C. 血管

D. 肺泡腔

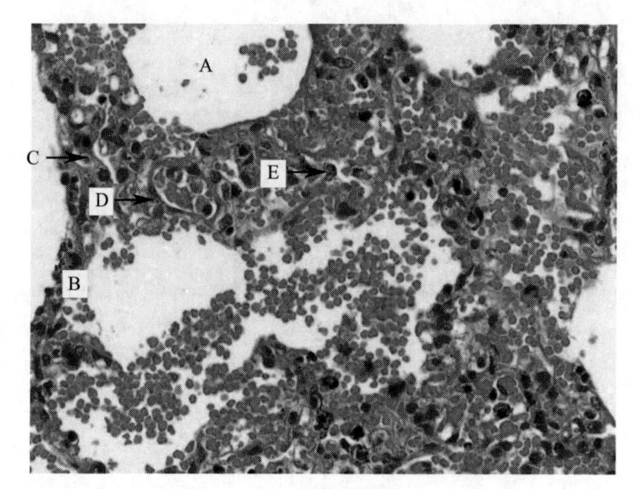

图 1-19

(3) 图中“C”是（　　）

A. 肺泡Ⅰ型上皮细胞

B. 肺泡Ⅱ型上皮细胞

C. 平滑肌细胞

D. 红细胞

(4) 图中“D”是（　　）

A. 肺泡Ⅰ型上皮细胞

B. 肺泡Ⅱ型上皮细胞

C. 平滑肌细胞

D. 心力衰竭细胞

(5) 图中“E”是（　　）

A. 肺泡Ⅰ型上皮细胞

B. 肺泡Ⅱ型上皮细胞

C. 平滑肌细胞

D. 心力衰竭细胞

(6) 图中肺脏病变是（　　）

A. 肺脏水肿

B. 肺脏瘀血

C. 肺脏出血

D. 肺脏气肿

3. 如图 1-20 所示，肝脏病变图中有 5 个问题需要作答，具体如下：

(1) 图中“A”是（　　）

A. 中央动脉

B. 肝细胞索

C. 肝血窦

D. 肝细胞核

(2) 图中“B”是（　　）

A. 中央动脉

B. 肝细胞索

C. 肝血窦

D. 肝细胞核

(3) 图中“C”是（　　）

A. 中央动脉

B. 肝细胞索

C. 肝血窦

D. 肝细胞核

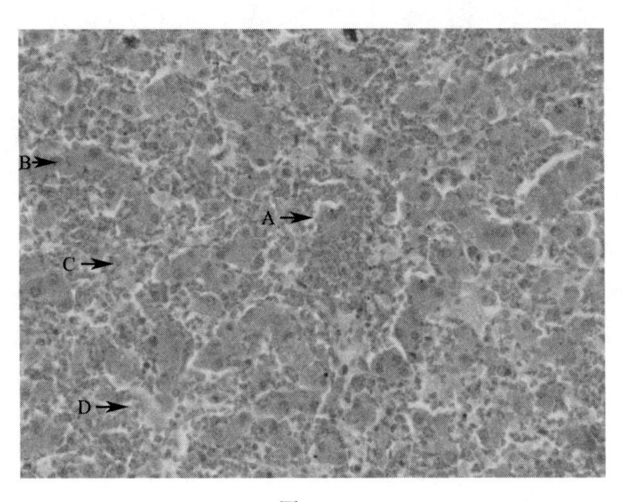

图 1-20

(4) 图中“D”是（　　）

A. 中央动脉

B. 肝细胞索

C. 肝血窦

D. 肝细胞核

(5) 图中肝脏病变是（　　）

A. 肝脏出血

B. 肝脏水肿

C. 急性肝瘀血

D. 慢性肝瘀血

4. 如图 1-21 所示，肝脏病变图中有 6 个问题需要作答，具体如下：

(1) 图中“A”是（　　）

A. 中央动脉

B. 肝细胞索

C. 肝血窦

D. 肝细胞核

(2) 图中“B”是（　　）

A. 中央动脉

B. 肝细胞索

C. 肝血窦

D. 肝细胞核

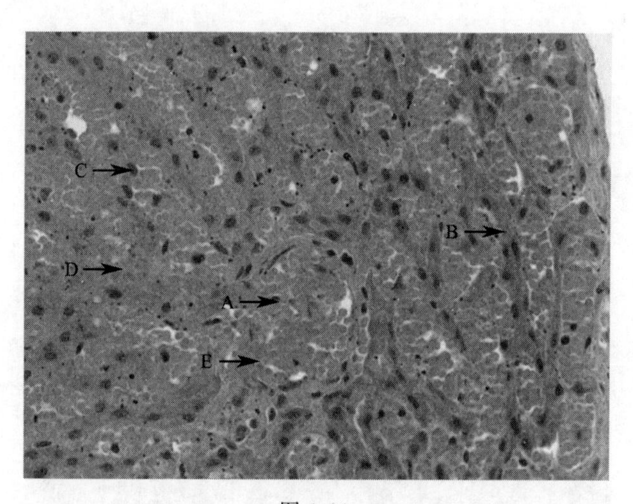

图 1-21

(3) 图中“C”是（　　）

A. 中央动脉

B. 肝细胞索

C. 肝血窦

D. 肝细胞核

(4) 图中“D”是（　　）

A. 中央动脉

B. 肝细胞索

C. 肝血窦

D. 肝细胞核

(5) 图中“E”是（　　）

A. 肝细胞

B. 平滑肌细胞

C. 红细胞

D. 淋巴细胞

(6) 图中肝脏病变是（　　）

A. 肝脏出血

B. 肝脏水肿

C. 急性肝瘀血

D. 慢性肝瘀血

五、点评阶段

（一）点评内容

将本节课课堂师生交流中碰到的代表性问题以及考核环节中多数学生掌握不好的知识点再次进行重点强调。

（二）点评方式

通过广播教学方式，将同学们认知、掌握不佳的知识点进行回放。

（郁川）

实验二 细胞与组织的损伤

【Overview】

1. Necropsy

1.1 Brain atrophy

The results of lesion involve the narrowed gyri, widened spacing among gyri, deep and widen sulci in severe atrophy areas.

1.2 Cartilage atrophy (Porcine turbinate)

The right turbinate of the sick pigs was basically normal, the left turbinate was significantly reduced into an S-shaped curve, and the volume of the nasal cavity was significantly increased, which was 2-3 times of normal.

1.3 Kidney atrophy (Pig)

Kidney volume is significantly reduced and the capsule is pale white and slightly shrunken. The cortex under the capsule is uneven and the cut surface of the cortex is pale yellow and significantly thinned. The medulla is thinned. Especially, the boundary between the cortex and the medulla is unclear. The highly expanded lumen of the renal calyx and renal pelvis is common.

1.4 Liver atrophy (Pig)

The liver is reduced in volume with thin edges and uneven surface as well as slightly hard texture. The hepatic lobular space is enlarged and the color is light yellow in severely atrophied areas. The white exudates cover in the liver surface.

1.5 Granular degeneration (Pig liver)

The liver is swollen in volume and the capsule is tense. The edge of the liver is blunt and the color is light red or light white. The cut surface of the liver is bulged and cloudy. The inherent texture of the hepatic lobule is blurred and pale just similar to the boiled meat.

1.6 Steatosis (Chicken)

The liver is swollen in volume and the capsule is tense. The edge of the liver is blunt and the color is khaki. The texture is fragile and the cut surface is bugled with diffuse khaki. The red-and-yellow patterns of betel nut liver are often observed due to the steatosis caused by congestion.

1.7 Spleen amyloidosis (Chicken)

The spleen is swollen in volume and the capsule is tense. The texture is fragile and the red-and-white patterns of the spleen surface are seen. The cut surface of the spleen mixed with white miliary substances under red background is similar to tofu dregs.

1.8 Caseous necrosis of the lung (Bovine tuberculosis)

The lung is slightly enlarged in volume and small nodules of different sizes, round or sub-round, gray-white or yellow caseous necrosis can be seen on the cut surface of the lesion area.

1.9 Lung liquefaction necrosis (Pig)

The lungs are enlarged in volume and the surface is bugled. There are abscess and yellow pus after the lesion site incised.

1.10 Fat necrosis (Porcine pancreas)

The volume of the pancreas is slightly enlarged. The cut surface of the necrotic area in the pancreas is gray-yellow, which is the crystal morphology of the fatty acid necrosis after the decomposition of the adipose tissue in the necrotic foci.

1.11 Large intestine necrosis (Pig)

There are a large number of yellow necrotic foci of different sizes below the serosa of the large intestine. Some necrotic foci are as large as militaries and some necrotic foci are as large as peas. The serosas in the severe lesion are ulcerated, resembling a "crater" .

1.12 Duodenal necrosis (Canine)

The volume of the mucosa is significantly enlarged, resembling brain gyri. The mucosal surface is covered with a large number of serous, serous-mucous, and mucous exudates, whose color is tan.

1.13 Myocardial necrosis (Pig)

The volume of the heart is slightly enlarged and the surface is mixed with gray-white and light red. The lesional myocardial tissue is soft, tired, and inelastic. The gray-white infarction area caused by ischemia can be observed.

2. Microscopic lesions

2.1 Atrophy (Liver)

The hepatic lobules are clearly visible, in which the central vein outline is irregular with a small number of red blood cells existence under low magnification. In addition, the hepatocyte cord, radially distributed, whose volume is reduced. The sinusoid space is significantly expanded.

The results of high magnifications show that the outline of the central vein is irregular, the vascular endothelial cells are scattered, and the red blood cells are scattered or clustered in the lumen of the central vein, mixed with white blood cells.

The volume of hepatocytes and the cytoplasm are significantly reduced without obvious change of nuclei. Furthermore, obviously reduction of the chromatin and the significantly increase of the ration of in the nucleus of the severely atrophied hepatocytes are common. Hepatic lobular sinusoids are markedly enlarged, scatteringly distributing a large number of red blood cells.

2.2 Granular degeneration (Liver)

The cytoplasms of the swollen hepatocytes are abundant with the distinct outlines of hepatocyte cords and narrow hepatic sinusoids in severe granular degeneration site under low magnification. In addition, the central veins and sinusoids contain some red blood cells in the distinct structure of hepatic lobules.

A number of light red coarse particles of cytoplasm in the swollen hepacytes are seen, which caused the surface of the cytoplasm uneven under high magnification. In addition, the distinct boundary of hepacytes and a small quantity of cells are also observed.

2.3 Steatosis (Liver)

The results show that the boundaries of the hepatic lobules are unclear, the hepatocytes are enlarged in volume, the distributions of hepatocyte cords are disordered, and the sinusoidal spaces are narrow and irregular under low magnificance.

The results show that the sinusoids are inconspicuous in shape with a large number of red blood cells, the nuclei of liver cells are deviated from the center of the cells, some nuclei are concentrated, dissolved, and disappeared, the pulmonary veins are congested and contain white thrombus under high magnification.

2.4 Necrosis (Liver)

Under low magnification, some central veins of hepatic lobules are lack of red blood cells, some have thrombus in the central part of the central vein. After organization, there is only a space around the edge of the central artery, and some central veins are completely filled with organized granulation tissue. The radial distribution of hepatic cords in the liver lobules, abundant fat droplet-like tiny vacuoles of different sizes in the cytoplasm, as well as indistinct nuclei of liver cells are common. The red blood cells in the hepatic sinusoids of the hepatic lobules disappear with many inflammatory cells in the sinus cavity.

Under high magnification, the formation of the narrow and irregular sinusoidal spaces took placed due to the swollen liver cells. Some certain degree congestion in the central veins and sinusoids appears. The lesions of hepatocytes mainly contain the dissolution, disappearance of nuclei, as well as nuclear shadows.

一、示范授课阶段

（一）实验目的

通过对大体标本进行观察，显微镜下诊断损伤组织，在形态学基础上系统掌握细胞与组织变性、坏死的诊断要点。

（二）仪器与耗材

1. 数码显微系统

2. 萎缩

（1）脑萎缩（福尔马林固定大体标本）。

（2）软骨萎缩（福尔马林固定大体标本）。

（3）肾脏萎缩（福尔马林固定大体标本）。

（4）肝脏萎缩（福尔马林固定大体标本、病理组织切片）。

3. 变性

（1）颗粒变性　肝脏颗粒变性（福尔马林固定大体标本、病理组织切片）。

（2）脂肪变性　肝脏脂肪变性（福尔马林固定大体标本、病理组织切片）。

（3）淀粉样变　脾脏淀粉样变（福尔马林固定大体标本、病理组织切片）。

4. 坏死

（1）肺脏干酪样坏死（福尔马林固定大体标本、病理组织切片）。

（2）肺脏液化性坏死（福尔马林固定大体标本）。

（3）胰脏脂肪性坏死（福尔马林固定大体标本）。

（4）十二指肠黏膜坏死（福尔马林固定大体标本）。

（5）大肠黏膜坏死（福尔马林固定大体标本）。

（6）心肌组织坏死（福尔马林固定大体标本）。

5. 擦镜纸、香柏油、显微镜物镜清洗液。

（三）实验内容

1. 剖检病变

（1）脑萎缩　脑体积缩小，重量减轻，严重萎缩区域脑回变窄，脑回之间间距增宽，脑沟深度凹陷。

（2）软骨萎缩（猪鼻甲骨）　病猪右鼻甲骨卷曲病变稍轻，左鼻甲骨病变明显，显著缩成“S”形弯曲，鼻腔显著增大为正常的2～3倍。

（3）肾萎缩（猪）　肾脏体积显著缩小，色泽淡白、稍皱缩，被膜下皮质凸凹不平；切面皮质淡黄色、显著变薄，髓质变薄；皮质、髓质分界模糊，肾盏、肾盂腔高度扩张。

（4）肝脏萎缩（猪）　肝脏体积缩小，边缘较薄，表面凸凹不平，质地稍硬，肝小叶间隙增大，少量白色渗出物覆盖在肝脏表面，萎缩严重区域色泽淡黄。

（5）颗粒变性（猪肝脏）　肝脏体积肿大，被膜紧张，边缘钝圆，色泽淡红或浅白色，切面外翻、混浊，肝小叶固有纹理模糊不清，色泽淡白，类似煮肉样。

（6）脂肪变性（鸡）　肝脏体积肿大，被膜紧张，边缘钝圆，色泽土黄，质地脆弱，切面外翻，呈弥散性土黄色。当缺氧性淤血发生时，肝细胞索脂肪变性区与淤血的肝血窦部位形成红黄相间的“槟榔肝”样花纹。

（7）脾脏淀粉样变（鸡）　脾脏体积肿大，被膜紧张，质地脆弱，表面呈现红白相间的纹理，切面在红色背景下间杂白色粟粒状物质，类似豆腐渣样。

（8）肺脏干酪样坏死（牛肺结核）　肺脏体积稍肿大，病变区域切面上可见大小不等、圆形或类圆形、灰白色或黄色干酪样坏死性小结节。

（9）肺脏液化性坏死（猪）　肺脏体积肿大，表面凸起，切开病变部位，切面有脓肿存在，流出黄色脓汁。

（10）脂肪坏死（猪）　胰脏体积稍肿大，胰脏坏死部位切面灰黄色，这是脂肪组织坏死后分解的脂肪酸以结晶形式分布在坏死灶内的形态。

（11）大肠坏死（猪）　大肠浆膜下有大量大小不等的黄色坏死灶，有的粟粒大，有的豌豆大，程度严重的浆膜溃烂，类似“火山口”样。

（12）十二指肠坏死（犬）　十二指肠黏膜体积显著肿大，类似脑回样，黏膜表面覆盖大量浆液性、浆液-黏液性、黏液性渗出物，色泽棕褐。

（13）心肌坏死（猪）　心脏体积稍肿大，表面灰白色与淡红色混杂，心肌组织柔软、疲沓、失去弹性，灰白色区域为贫血性梗死灶。

2. 显微病变

（1）萎缩（肝脏）

① 低倍镜：肝小叶清晰可见，中央静脉轮廓不规则，少量红细胞存在，肝小叶中心区窦状隙内红细胞数量较多，外围红细胞较少。肝细胞索体积缩小，以中央静脉为中心，呈辐射状分布，窦状隙显著扩张（图 2-1）。

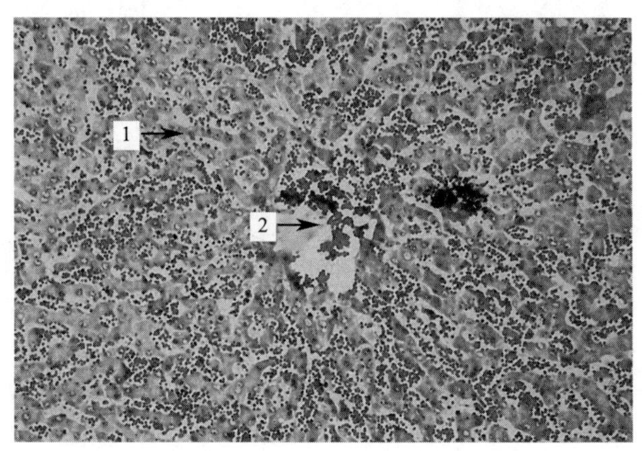

图 2-1　肝脏萎缩（一）（HE 染色，100 倍）

1—肝索；2—中央静脉

② 高倍镜：中央静脉边缘轮廓不规则，血管内皮细胞零散分布，中央静脉腔内红细胞散在性分布或成簇分布，夹杂数量不等的白细胞。肝细胞体积缩小，细胞浆显著减少，细胞核体积无明显改变，发生了萎缩；萎缩严重的肝细胞核内染色质显著减少；细胞核与细胞体积比例显著增加。肝小叶窦状隙显著扩张，充盈多量红细胞（图 2-2）。

（2）颗粒变性（肝脏）

① 低倍镜：颗粒变性严重的肝细胞索轮廓清晰，肝细胞体积肿大，细胞浆丰富，肝血窦体积狭窄；肝小叶清晰可见、中央静脉和窦状隙内充盈数量不等的红细胞（图 2-3）。

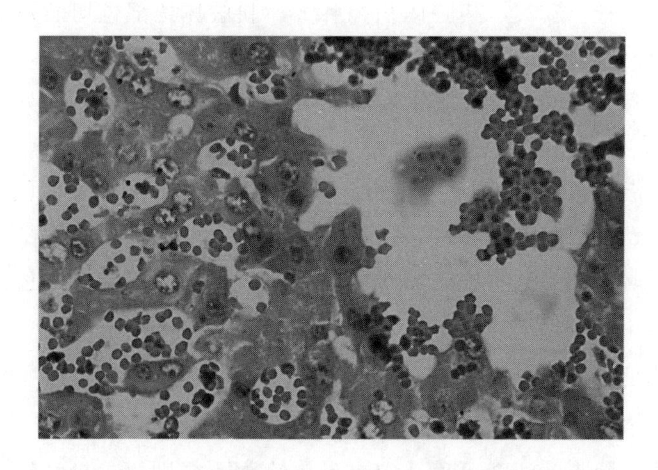

图 2-2　肝脏萎缩（二）（HE 染色，400 倍）

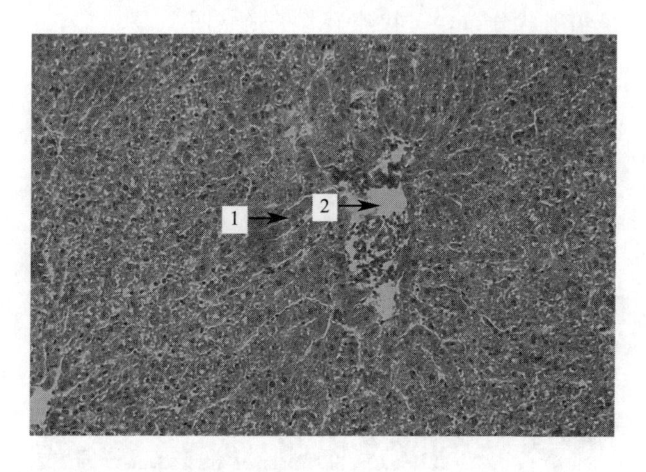

图 2-3　肝脏颗粒变性（一）（HE 染色，100 倍）

1—肝索；2—中央静脉

② 高倍镜：肝细胞胞浆混浊，细胞浆内充满淡红色粗大颗粒，切面凸凹不平，肝细胞界限清晰，肝血窦细胞数量较少（图 2-4）。

（3）脂肪变性（肝脏）

① 低倍镜：肝小叶界限模糊，肝细胞肿大，肝细胞索排布混乱，窦状隙狭窄、不规则；肝细胞浆内充满大小不等、形状不一的透亮、空泡状脂肪滴（图 2-5）。

② 高倍镜：窦状隙形状充盈多量红细胞，肝细胞核受到脂肪滴挤压常偏离细胞中央，有的核浓缩、溶解、消失；肺静脉充血，管腔内可见白色血栓（图 2-6）。

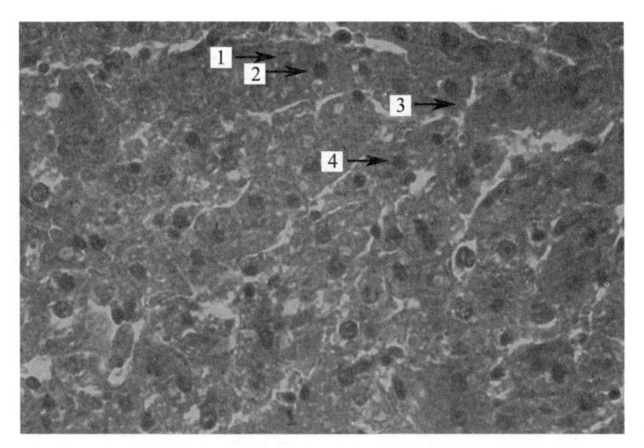

图 2-4　肝脏颗粒变性（二）（HE 染色，400 倍）

1—肝细胞膜；2—颗粒变性物质；3—肝血窦缺血；4—肝细胞核

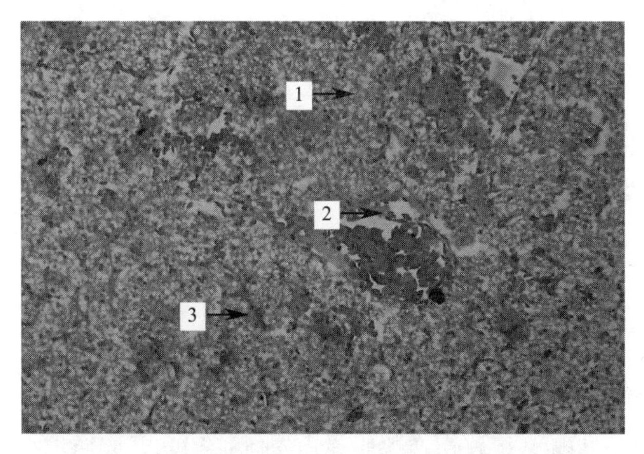

图 2-5　肝脏脂肪变性（一）（HE 染色，100 倍）

1—脂肪变性物质；2—中央静脉；3—窦状隙

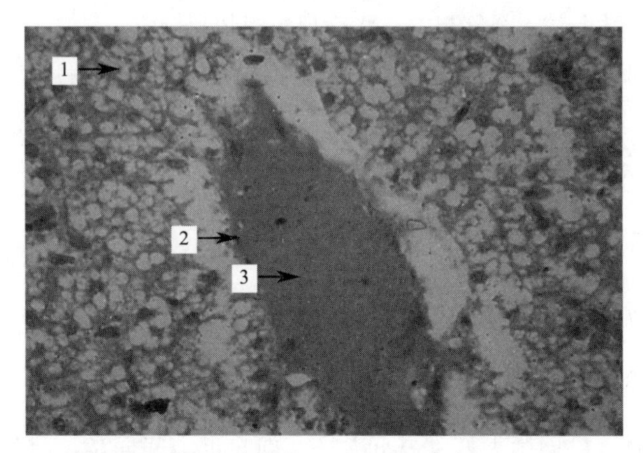

图 2-6　肝脏脂肪变性（二）（HE 染色，400 倍）

1—脂肪变性物质；2—中央静脉血管内皮细胞；3—血浆

（4）坏死（肝脏）

① 低倍镜：有的肝小叶中央静脉内缺血，有的中央静脉中央部存在血栓，机化后仅中央动脉内周围存在空隙，有的中央静脉被机化的肉芽组织完全取代；肝小叶的肝细胞索呈辐射状排布，胞浆内出现许多大小不等的脂肪滴状微小空泡结构，肝细胞核模糊不清；肝小叶的血窦内红细胞消失，窦腔内较多炎性细胞分布。

② 高倍镜：肝细胞肿大、相互挤压、窦状隙变得狭窄而不规则；中央静脉和窦状隙内有一定数量红细胞瘀血；肝细胞胞浆淡红色、混浊，形成一个或数个空泡状脂肪滴状结构；肝细胞核染色变淡，溶解消失，有的仅留核影。

（四）课后作业

画出肝颗粒变性、脂肪变性或坏死的低倍、高倍镜结构图，标出主要结构并用病理学术语描述。

二、病理组织切片观察阶段

（一）观察内容

萎缩、颗粒变性、脂肪变性、坏死。

（二）观察要求

1. 数码显微系统操作

要求每位学生认真、细致操作数码显微系统，独立完成病理组织切片的观察。

2. 显微病理问题处理

要求每位同学准备 1 个笔记本，将病理组织切片观察过程中碰到的问题记录下来（至少 5 个问题）。

三、网络化分析问题阶段

（一）分组

座位相近或相邻的 4～6 名同学为一组。

（二）要求

要求小组的每位同学做好“三问”——问自己、问同学、问教师。首先，结合动物病理学理论教材、实验课教材，甚至互联网上的相关知识独自进行问题解答，然后与同学们进行分享解析过程；然后，碰到自己解答不了的问题，小组成员进行分析、讨论，协同集体智慧解析问题；最后，小组集体解决不了的问题，推送至雨课堂教学系统，师生一起进行网络化分析、讨论、交流，碰到具有代表性的问题，由教师通过数码系统的广播教学进行全班同学分享。

（三）问题汇总

（1）肝脏脂肪变性有的地方组织很碎，是肝脏本身的原因，还是切片制作的问题？

（2）肝脏脂肪及瘀血高倍镜图中深红色的点是细胞核吗？

（3）肝脏脂肪变性无法特别清晰地区分细胞质和细胞核怎么办？

（4）肝脏脂肪变性机制是什么？

（5）肝脏脂肪变性时肝细胞内明显增多的脂滴是什么物质？

（6）什么物质可以引起肝脏脂肪变性？

（7）图 2-7 中央是什么结构？

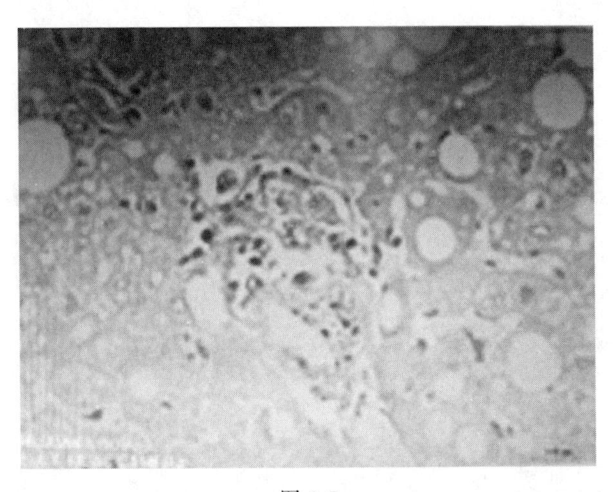

图 2-7

（8）图 2-8 中圈住的部分是什么？

（9）图 2-9 中肝血窦明显增大，中央静脉处有瘀血，这是肝索近端肝细胞萎缩变性的主要原因吗？

（10）图 2-10 中变性的肝脂肪内为什么会有空泡？

（11）图 2-11 中颗粒性变性的位置在哪？图中比较显眼的是动脉吗？

（12）图 2-12 中脂肪细胞分布不均匀，其中的网状结构是什么？

（13）肝脏脂肪变性是什么导致的？

（14）肝脏脂肪变性和脂肪肝是否为同一概念？它的分布规律如何？

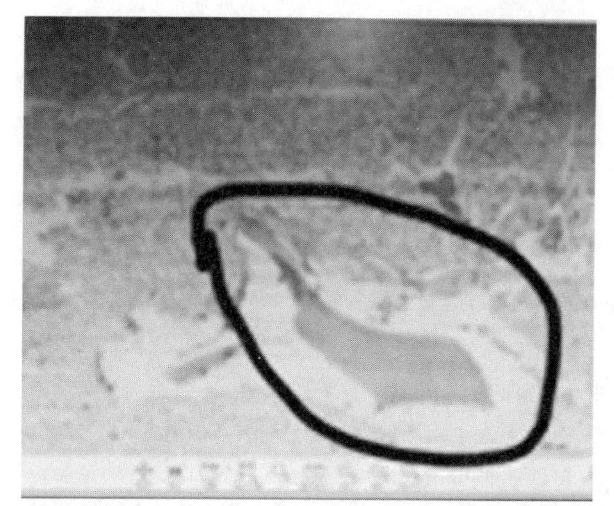

图 2-8

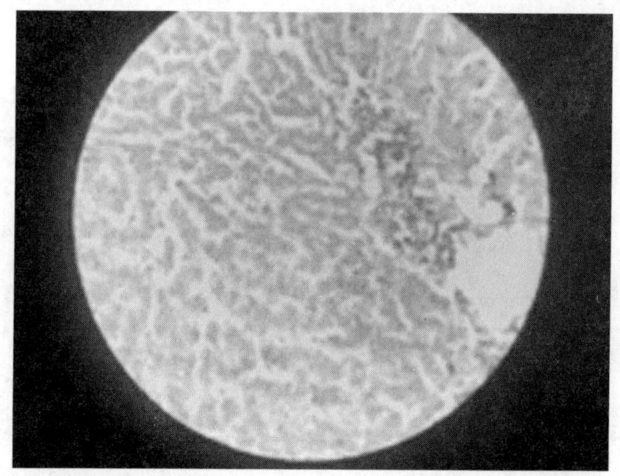

图 2-9

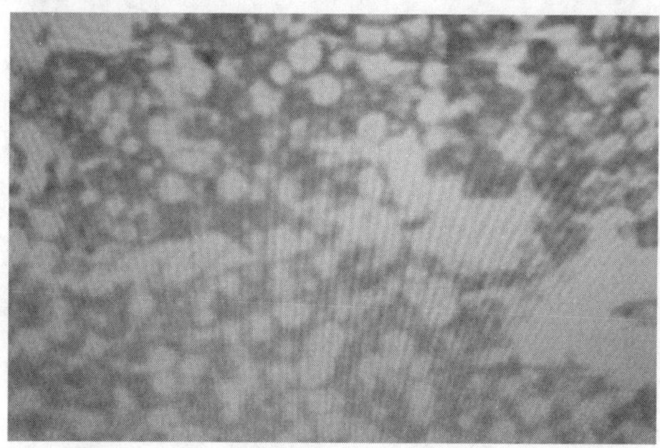

图 2-10

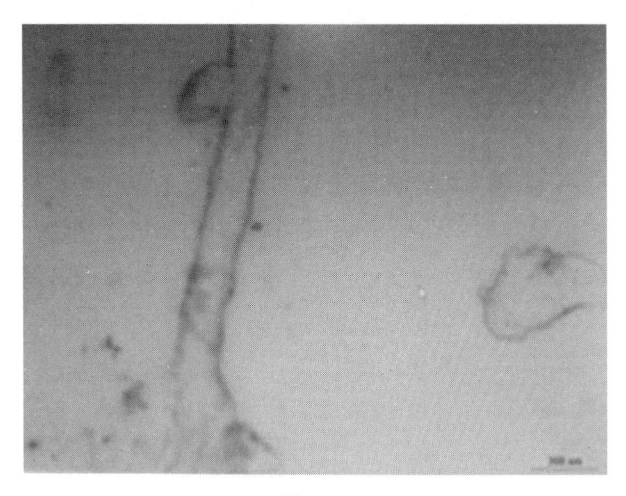

图 2-11

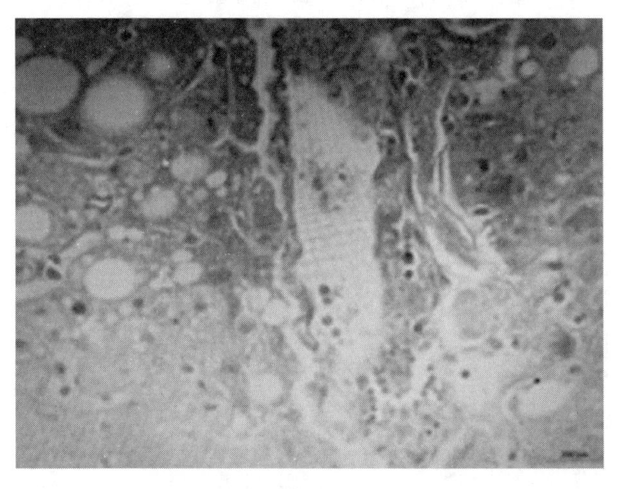

图 2-12

（15）肝脏脂肪变性后脂肪细胞的细胞核几乎不可见，为什么？

（16）图 2-13 圆圈内是什么？

（17）肝脏脂肪变性切片中的空泡结构与静脉相比有何区别？

（18）脂肪肝一般呈黄色或红黄相间，为什么切片观察不到黄色？

（19）肝颗粒变性和脂肪变性都是可复性，怎么治愈？

（20）颗粒变性和脂肪变性对动物机体有什么影响？

（21）水泡变性细胞的胞浆内出现大小不等的水泡是什么物质？

（22）判断细胞损伤和坏死的主要标志是什么？通过标本如何观察到？

（23）高倍镜下肝脏颗粒变性中深紫色部分是什么？

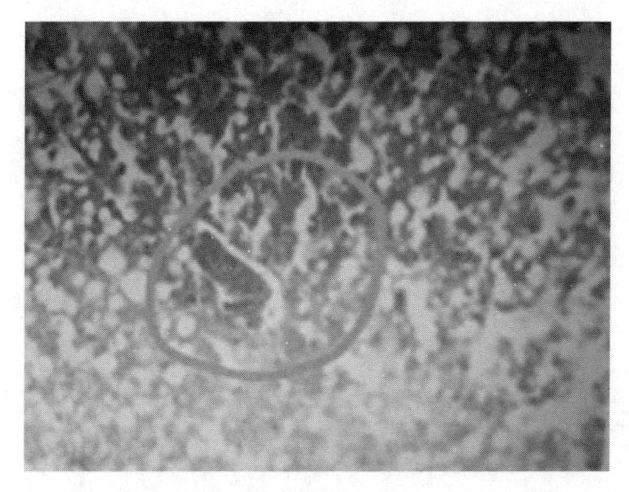

图 2-13

（24）图 2-14 中央部分是什么结构？是高倍镜下的肝颗粒变性物质吗？

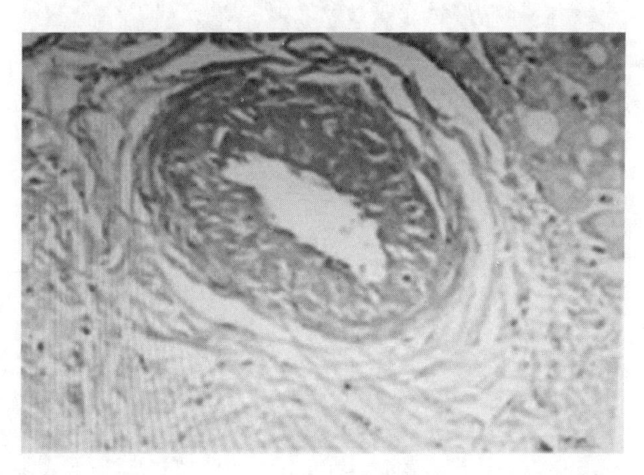

图 2-14

（25）图 2-15 中央部位是什么结构？

（26）为什么图 2-16 中的病变位置和其他部位不太一样？

（27）脂肪变性和颗粒性变性能同时发生吗？这两个病变哪一个更容易发生？

（28）中央静脉周围的肝细胞索是否是肝细胞的另一种称呼？

（29）肝细胞索与肝血窦之间有哪些联系？

（30）图 2-17 中是颗粒变性的中央静脉吗？

（31）图 2-17 中圆腔中黑色的颗粒是否为肝细胞核？

（32）图 2-18 中央的空腔是中央静脉吗？

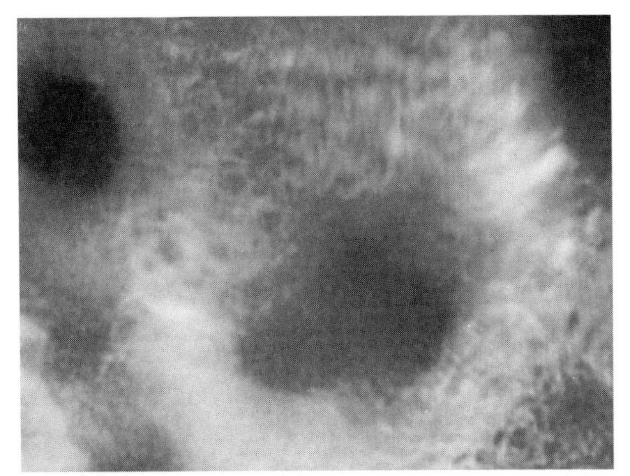
图 2-15

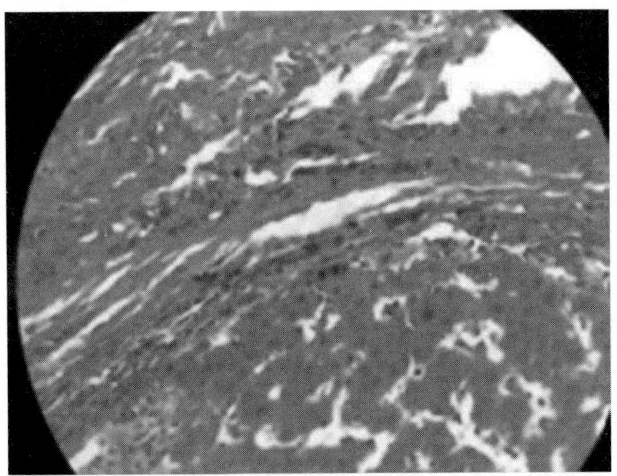
图 2-16

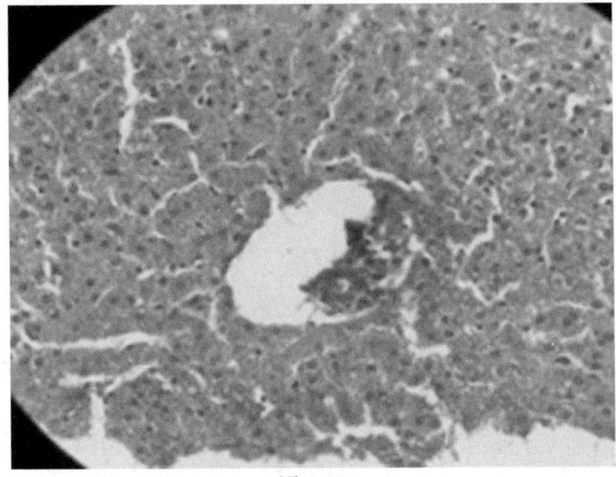
图 2-17

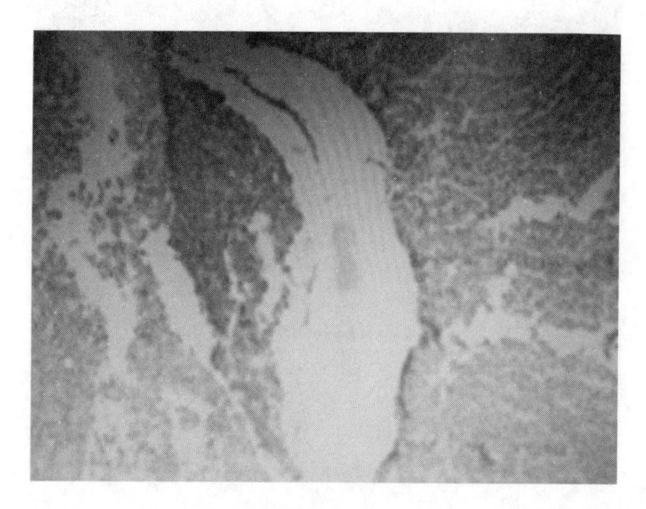

图 2-18

（33）肝脏脂肪变性中有些地方出现颜色明显加深的原因是什么？

（34）大量白色脂肪滴性空泡能导致细胞核消失吗？

（35）细胞索不规则出现会导致什么？

（36）图 2-19 中央是什么？

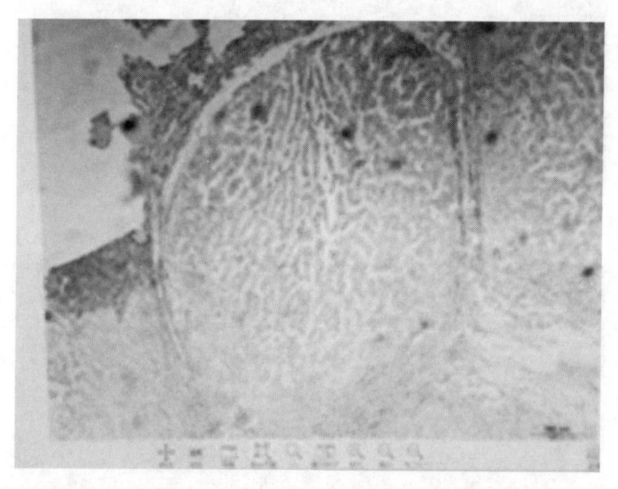

图 2-19

（37）为什么有些组织切片的中央静脉没有红细胞？

（38）水泡变性有大小不等的水泡，脂肪变性中也有，如何区别二者？

（39）切片中有些细胞体积缩小、细胞核不明显的原因是什么？

（40）图 2-20 中的这个空腔是什么？

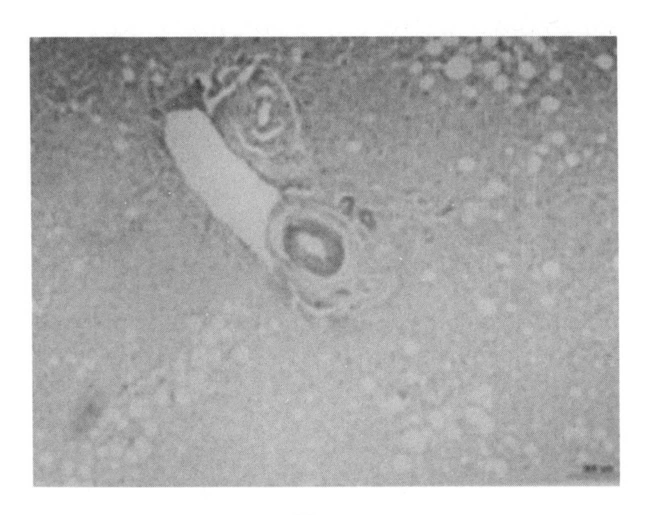

图 2-20

(41) 为什么肝脏脂肪变性的脂肪滴聚集却不相互融合?

(42) 为什么颗粒变性中细胞膜结构依然清晰可见?

(43) 脂肪变性切片中有一些和脂肪滴差不多大的红色结构是什么?

(44) 图 2-21 中，右边有很多空隙，为什么左右两边不一样?

(45) 图 2-21 中肝脏脂肪变性有深色区域、中间没有细胞，这与颗粒变性相似，为什么?

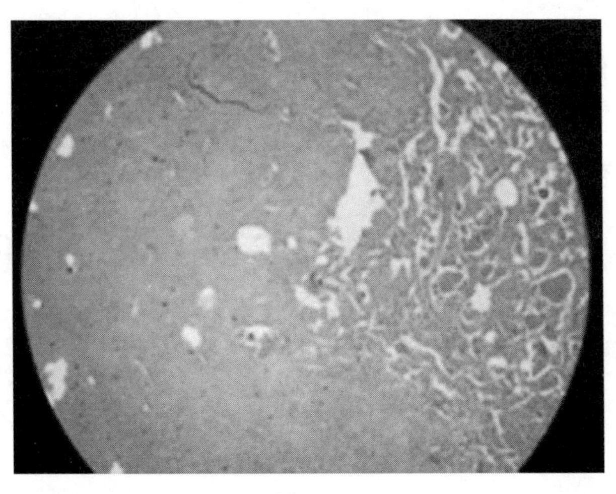

图 2-21

(46) 图 2-22 中肝脂肪变性的一边有很多细胞且为长条状，而颗粒变性是放射状，这是为什么?

图 2-22

四、考核阶段

（一）考核内容

从肝脏萎缩、肝脏颗粒变性、肝脏脂肪变性、肝脏坏死的显微病理变化图中，选取具有代表性的病理图片作为情景问题考卷。

（二）考核方式

每次实验课准备 4～6 套情景问题考卷，通过雨课堂教学系统下发，每个情景问题考卷包含了 4～6 个小问题，由学生进行病理图分析与观察，进行答题。

（三）考核评分

每个情景问题考卷 100 分，每个小问题为 10～20 分，根据学生回答问题的情况，由雨课堂教学系统自动评分。

（四）情景问题

1. 如图 2-23 所示，肝脏病变图中有 5 个问题需要作答，具体如下：

(1) 图中“A”是（　　）

A. 肝细胞索

B. 肝血窦

C. 中央静脉

D. 淋巴细胞

(2) 图中“B”是( )

A. 颗粒变性

B. 脂肪变性

C. 萎缩

D. 坏死

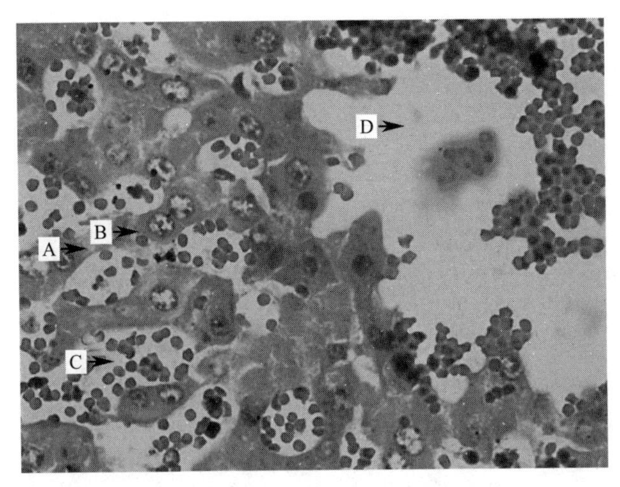

图 2-23

(3) 图中“C”是( )

A. 肝细胞索

B. 肝血窦

C. 中央静脉

D. 淋巴细胞

(4) 图中“D”是( )

A. 肝细胞索

B. 肝血窦

C. 中央静脉

D. 淋巴细胞

(5) 图中肺脏病变是( )

A. 肝脏萎缩

B. 肝脏颗粒变性

C. 肝脏脂肪变性

D. 肝脏坏死

2. 如图 2-24 所示，肝脏病变图中有 5 个问题需要作答，具体如下：

(1) 图中“A”是( )

A. 颗粒样物质

B. 淀粉样物质

C. 脂肪样物质

D. 黏液样物质

(2) 图中“B”是（　　）

A. 肝细胞索

B. 肝血窦

C. 中央静脉

D. 淋巴细胞

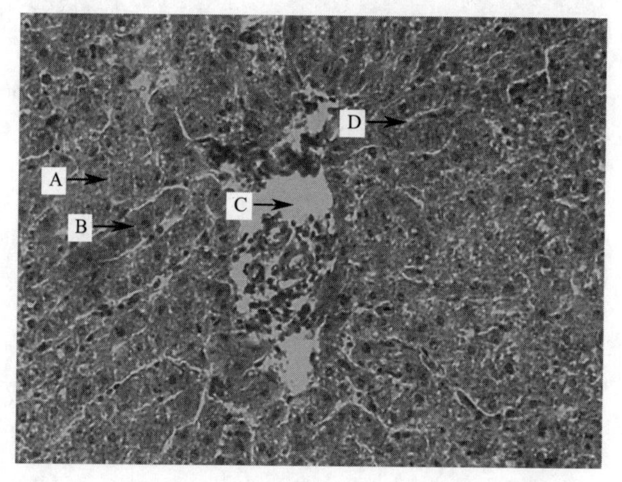

图 2-24

(3) 图中“C”是（　　）

A. 肝细胞索

B. 肝血窦

C. 中央静脉

D. 淋巴细胞

(4) 图中“D”是（　　）

A. 肝细胞索

B. 肝血窦

C. 中央静脉

D. 淋巴细胞

(5) 图中肝脏病变是（　　）

A. 肝脏萎缩

B. 肝脏颗粒变性

C. 肝脏脂肪变性

D. 肝脏坏死

3. 如图 2-25 所示，肝脏病变图中有 5 个问题需要作答，具体如下：

（1）图中“A”是（　　）

A. 肝细胞索

B. 肝血窦

C. 中央静脉

D. 淋巴细胞

（2）图中“B”是（　　）

A. 颗粒样物质

B. 淀粉样物质

C. 脂肪样物质

D. 黏液样物质

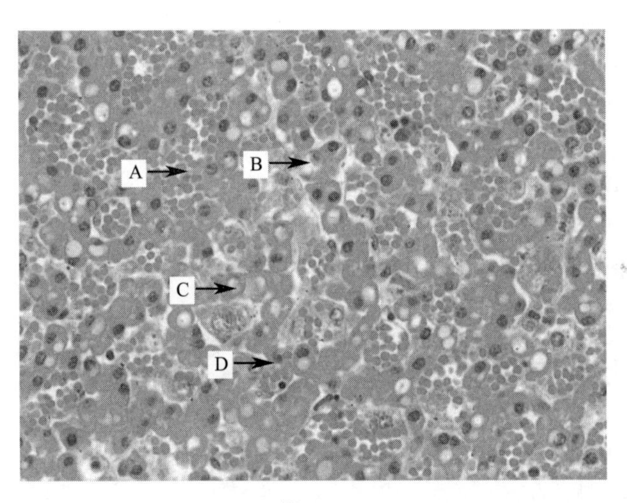

图 2-25

（3）图中“C”是（　　）

A. 肝细胞索

B. 肝血窦

C. 中央静脉

D. 淋巴细胞

（4）图中“D”是（　　）

A. 肝细胞索

B. 肝细胞

C. 中央静脉

D. 淋巴细胞

(5) 图中肝脏病变是（　　）

A. 肝脏萎缩

B. 肝脏颗粒变性

C. 肝脏脂肪变性

D. 肝脏坏死

4. 如图 2-26 所示，肝脏病变图中有 5 个问题需要作答，具体如下：

(1) 图中“A”是（　　）

A. 颗粒样物质

B. 淀粉样物质

C. 脂肪样物质

D. 黏液样物质

(2) 图中“B”是（　　）

A. 颗粒样物质

B. 淀粉样物质

C. 脂肪样物质

D. 黏液样物质

(3) 图中“C”是（　　）

A. 小静脉

B. 肝血窦

C. 中央静脉

D. 小动脉

(4) 图中“D”是（　　）

A. 肝细胞萎缩

B. 肝细胞淀粉变性

C. 肝细胞坏死

D. 肝细胞再生

(5) 图中肝脏病变是（　　）

A. 肝细胞颗粒变性、淀粉变性、坏死

B. 肝细胞颗粒变性、脂肪变性、坏死

C. 肝细胞颗粒变性、水泡变性、坏死

D. 肝细胞脂肪、水泡变性、坏死

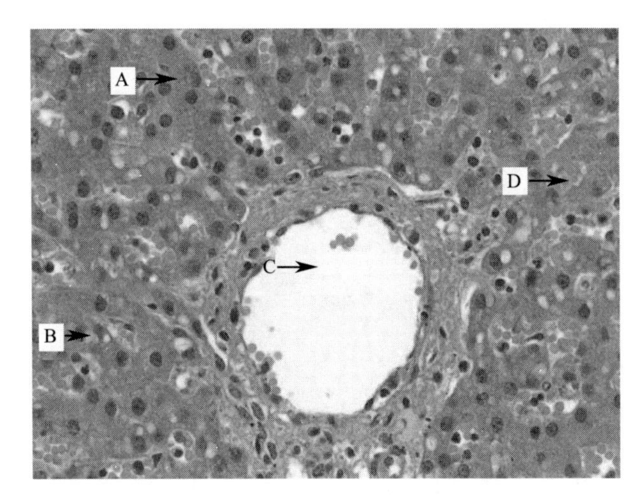

图 2-26

五、点评阶段

（一）点评内容

将本节课课堂师生交流中碰到的代表性问题以及考核环节中多数学生掌握薄弱的知识点再次重点强调。

（二）点评方式

通过广播教学方式，将同学们认知、掌握不佳的知识点进行回放。

（郁川）

实验三 适应与修复

【Overview】

1. Necropsy

1.1 Cardiac hypertrophy

The heart volume is slightly enlarged, the right ventricular wall layer is thinner, the cardiac chamber enlarged, the left ventricular wall thickened. The cardiac chamber space is abnormally smaller. Some myocardial tissues are pale in color, in which the ischemia is obvious.

1.2 Granulation tissue (Canine tail)

The specimen is a newborn granulation tissue after the tail of the dog removed surgically. At the initial stage of inflammation, the light red granulation-like protrusions containing the abundance of capillaries distributed in the wound cavity. At the advanced stage of inflammation, the color of the granulation tissue gradually became pale because the atresia of a large number of capillaries occurred during the gradually completed repair of the granulation tissue.

1.3 Scar tissue

The hyperplastic connective tissue at the bottom of the stomach stretched around and protruded on the skin surface.

1.4 Organization

The exudate of the surface of the heart replaced by granulation tissue formed an armor-like structure. The foci of lung organized by granulation tissue were yellow cheese-like.

2. Microscopic lesions

2.1 Hypertrophy (Myocardial muscle)

The enlarger volumes of myocardial fibers and interstitial hyperplasia were observed under high magnification.

2.2 Metaplasia (Trachea)

The repair of damaged tracheal mucosa through squamous metaplasia after the disintegration and disappearance was observed under high magnification.

2.3 Regeneration (Liver)

The significantly swollen volume of hepatocytes, the clearly polygonal outline of hepatocytes, the rich and coarsely granular cytoplasm of hepatocytes, the larger nuclei with abundant chromatin of hepatocytes as well as binuclear hepatocytes with many mitoses are observed under high magnification.

2.4 Granulation tissue

Firstly, the homogeneously red-staining surface layer of granulation tissue, the late-stage granulation connective tissue composed of fibroblasts and a few capillaries, the immature connective tissue composed of immature fibroblasts and capillaries as well as the capillary network containing a great deal of red blood cells are observed under low magnification. Secondly, under high magnification, the immature granulation tissue containing loose structure, abundant capillaries filled with a large number of red blood cells, the capillaries with solid cord-like structures in the forming stage, the larger spindle-shaped fibroblasts with proliferation and division as well as the late granulation tissue composed of dense structure and a large number of densely distributed fibroblasts and few capillaries are observed.

2.5 Organization (Tuberculosis nodules)

Under low magnification, proliferative epithelioid cells formed small nodules without caseous necrosis and calcification. Larger nodules are usually composed of three layers: the periphery is ordinary granulation tissue, the middle layer is the blue-purple epithelioid cell area, the central homogeneous red-stained and gray-white interwoven area is the caseous necrosis area in which the blue-stained calcification area is common.

Under high magnification, the connective tissue and extremely dilated and congested capillaries and arterioles as well as many lymphocytes infiltration are observed in the normal granulation tissue area. In the epithelioid cells area of the middle layer. A large number of oval epithelioid cells with oval nuclei and a couple of Langhans' giant cells containing horseshoe-shaped nuclear composed of multiple oval nuclei located around and red cytoplasm in the center, as well as a small amount of lymphocytic infiltration are observed. In the central caseous necrosis area, a large amount of pale red homogeneous red-stained granular material, a small number of cell-like structures without the nucleus are observed. In addition, the blue-purple calcified areas disconnected from the surrounding tissue with a fibrous structure are common in the area of caseous necrosis.

一、示范授课阶段

（一）实验目的

通过对细胞和组织萎缩、肥大、化生、再生、肉芽组织形成、机化等大体病变标本观察，显微镜下诊断，系统掌握适应与修复的诊断要点。

（二）仪器与耗材

1. 数码显微系统

2. 肥大

心肌肥大（福尔马林固定大体标本）。

3. 肉芽组织

犬肉芽组织（福尔马林固定大体标本、病理组织切片）。

4. 瘢痕组织

福尔马林固定大体标本。

5. 机化

病理组织切片。

6. 擦镜纸、香柏油、显微镜物镜清洗液

（三）实验内容

1. 剖检病变

（1）心肌肥大　心脏体积稍肿大，右心室壁层较薄，心腔较大，左心室壁增厚，心腔空间显著变小，部分心肌组织因缺血而色泽苍白色。

（2）肉芽组织（犬尾根） 标本为犬尾根部经手术切除后生成的赘生性肉芽组织。初期，创腔表面由于大量毛细血管再生，形成淡红色肉芽状突起；后期，肉芽组织修复逐渐完成，大量的毛细血管闭锁，肉芽组织色泽淡白。

（3）瘢痕组织 增生的结缔组织向四周拉伸，凸立于皮肤表面。

（4）机化 心包腔内炎性渗出物被肉芽组织取代，形成盔甲样结构。肺脏坏死组织、炎性渗出物被肉芽组织包绕，生成黄色干酪样物质。

2. 显微病变

（1）肥大（心肌）

高倍镜：心肌纤维体积变大，间质组织增生。

（2）化生（气管）

高倍镜：气管黏膜上皮细胞受损，崩解消失，由鳞状上皮化生修复。

（3）再生（肝脏）

高倍镜：肝细胞体积显著肿大，轮廓清晰，呈多边形；胞浆丰富，含有较多粗大颗粒状物质；细胞核大，染色质丰富，核仁明显，肝细胞内出现双核，核分裂较多。

（4）肉芽组织

① 低倍镜：肉芽组织表层均质红染，下层由成纤维细胞与少量毛细血管构成晚期肉芽结缔组织，幼稚成纤维细胞及毛细血管组成幼稚结缔组织。大量红细胞分布在幼稚肉芽组织区，形成毛细血管网（图 3-1）。

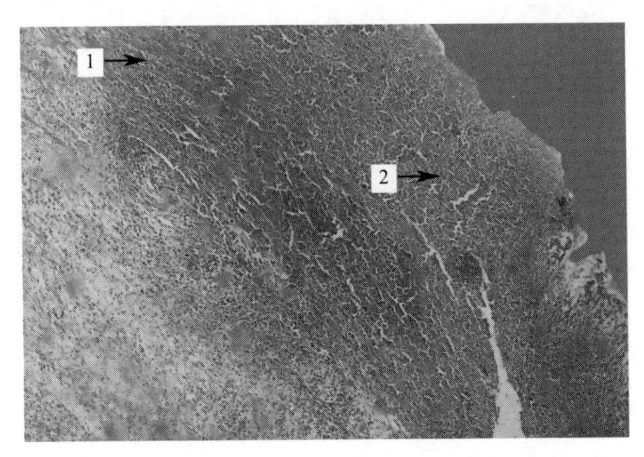

图 3-1 肉芽组织（一）（HE 染色，40 倍）

1—出血；2—炎性细胞

② 高倍镜：幼稚肉芽组织结构疏松，毛细血管丰富，充盈大量红细胞（图 3-2）；形成期的毛细血管可见实心条索状结构；成纤维细胞呈梭形，正在增生分裂

的成纤维细胞体积较大，纵切图像呈梭形，横切图像呈三角形，外周有絮状细胞浆分泌的胶原纤维与弹性纤维（图 3-3）。晚期肉芽组织结构致密，大量成纤维细胞密布，毛细血管数量减少。

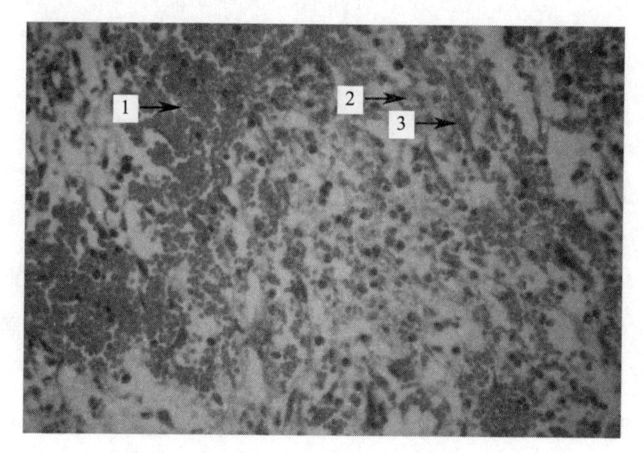

图 3-2　肉芽组织（二）（HE 染色，400 倍）

1—红细胞（出血）；2—巨噬细胞；3—成纤维细胞

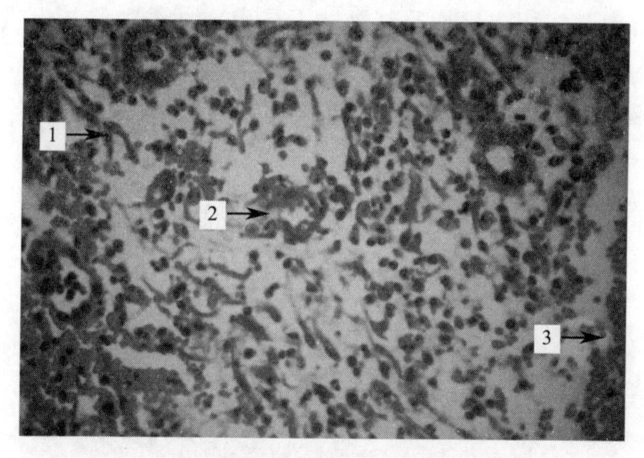

图 3-3　肉芽组织（三）（HE 染色，400 倍）

1—出芽；2—毛细血管；3—出血

（5）机化（肺脏结核结节）

① 低倍镜：增生的上皮样细胞构成体积较小的结节。体积稍大结节含三层结构：外围为普通肉芽组织，中层为蓝紫色上皮样细胞区，中心层均质红染和灰白色交织区为干酪样坏死区，常见蓝色钙化区（图 3-4）。

② 高倍镜：普通肉芽组织区可见结缔组织、毛细血管及小动脉极度扩张充血，周围较多淋巴细胞浸润（图 3-5）。中间层可见大量细胞核为椭圆形的上皮样细胞，

其中间杂2～4个淡红色的细胞质位于中央（图3-6），多个椭圆形的细胞核位于细胞浆内细胞膜附近形成马蹄形的多核巨细胞（图3-7），此外，在上皮样细胞区，少量淋巴细胞浸润。在中心层干酪样坏死区，有大量的淡红色均质红染的颗粒状物质，少量细胞样结构，细胞核消失。在干酪样坏死区，蓝紫色钙化区与周围组织断开，纤维状结构。

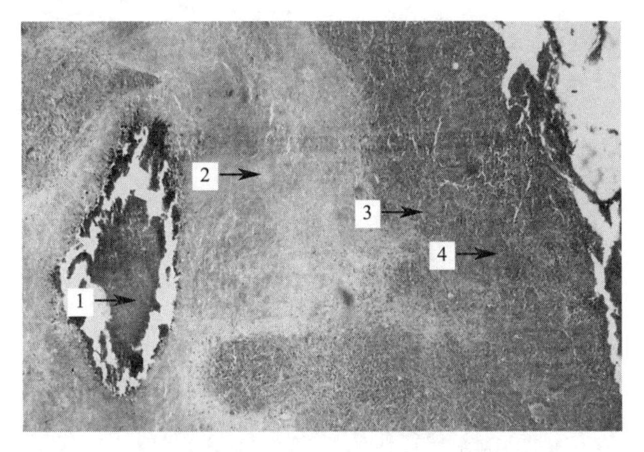

图3-4　机化（肺脏结核结节）（一）（HE染色，100倍）
1—钙化灶；2—干酪样坏死区；3—多核巨细胞；4—上皮样细胞区

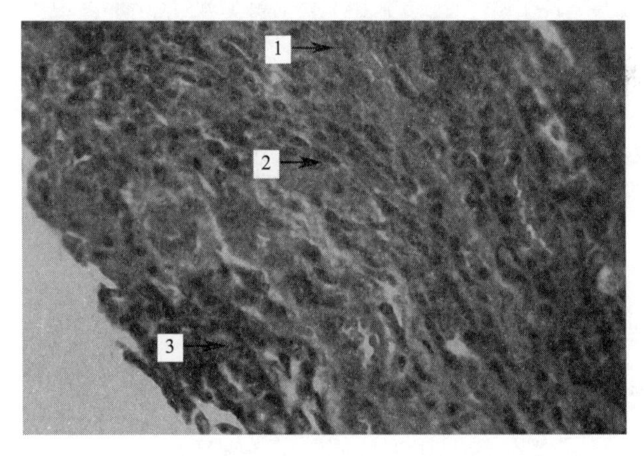

图3-5　机化（肺脏结核结节）（二）（HE染色，400倍）
1—充血；2—成纤维细胞；3—淋巴细胞

（四）课后作业

画出肉芽组织或结核结节的低倍、高倍镜结构图，标出主要结构并用病理学术语描述。

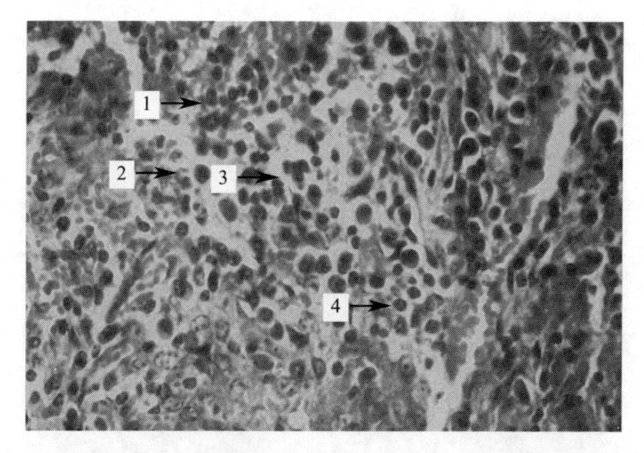

图 3-6　机化（肺脏结核结节）（三）（HE 染色，400 倍）

1—出血；2—上皮样细胞；3—嗜酸性粒细胞；4—淋巴细胞

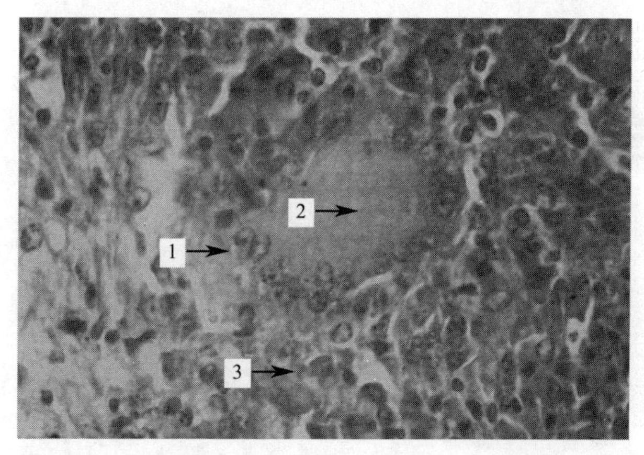

图 3-7　机化（肺脏结核结节）（四）（HE 染色，400 倍）

1—多核巨细胞核；2—多核巨细胞浆；3—毛细血管

二、病理组织切片观察阶段

（一）观察内容

犬肉芽组织、肺脏结核结节。

（二）观察要求

1. 数码显微系统操作

要求每位学生认真、细致操作数码显微系统，独立完成病理组织切片的观察。

2. 显微病理问题处理

要求每位同学准备 1 个笔记本，将病理组织切片观察过程中碰到的问题记录下来（至少 5 个问题）。

三、网络化分析问题阶段

（一）分组

座位相近或相邻的 4～6 名同学为一组。

（二）要求

要求小组的每位同学做好“三问”——问自己、问同学、问教师。首先，结合动物病理学理论教材、实验课教材，甚至互联网上的相关知识独自进行问题解答，与同学们进行分享解析过程；然后，碰到自己解答不了的问题，小组成员进行分析、讨论，协同集体智慧解析问题；最后，小组集体解决不了的问题，推送至雨课堂教学系统，师生一起进行网络化分析、讨论、交流，碰到具有代表性的问题，由教师通过数码系统的广播教学进行全班同学分享。

（三）问题汇总

（1）图 3-8 中深色的痕迹是什么？

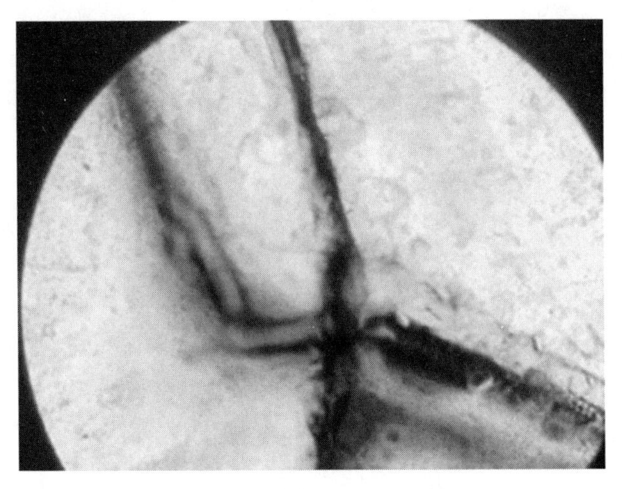

图 3-8

（2）图 3-9 中箭头所指的是什么？

（3）图 3-9 中箭头所指的区域外周轮廓是什么结构？

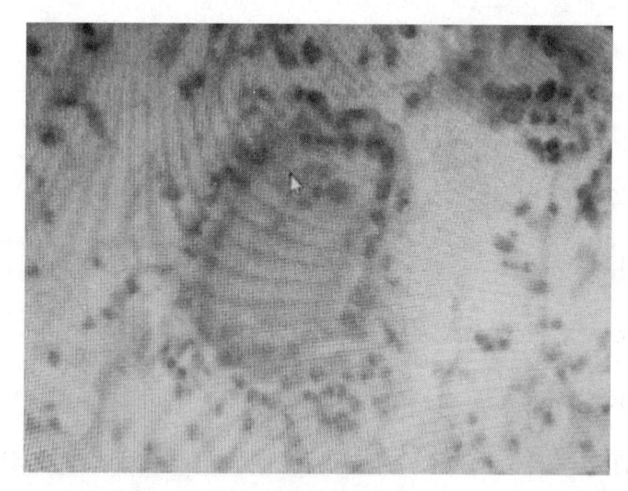

图 3-9

（4）图 3-10 中黑色区域是什么结构？

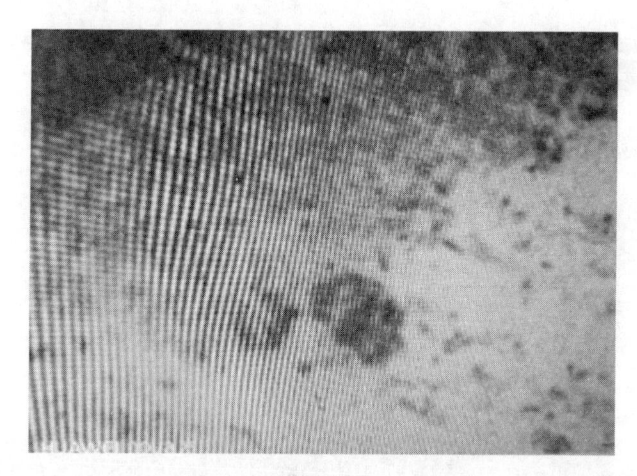

图 3-10

（5）图 3-11 中出现密集黑色条形区是什么原因？

（6）肉芽组织是由什么形成的，同时细胞发生了什么样的变化？

（7）出血与瘀血的显微区别不太明显，最有效的区分点是什么？

（8）图 3-12 牛胸膜结核结节中间的白色空隙是什么？

（9）怎样区分新生的血管和原有的血管？

（10）肉芽组织的形成和结核结节的形成有何联系？

（11）图 3-13 是哪一时期的肉芽组织？

（12）图 3-14 中圆圈内是什么组织？

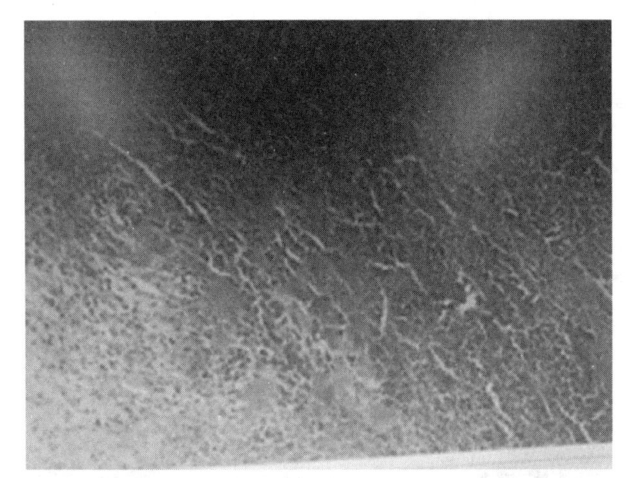

图 3-11

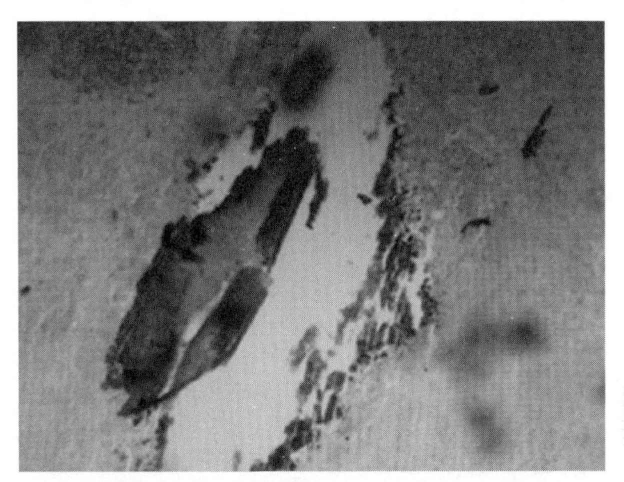

图 3-12

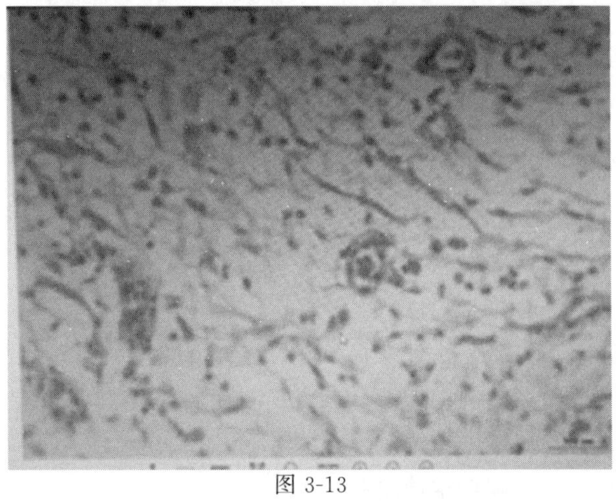

图 3-13

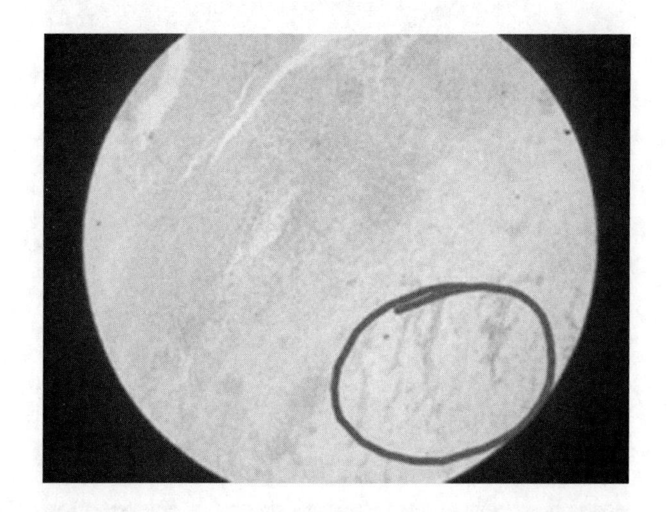

图 3-14

(13) 图 3-15 中箭头指示的是肉芽组织中的成纤维细胞吗?

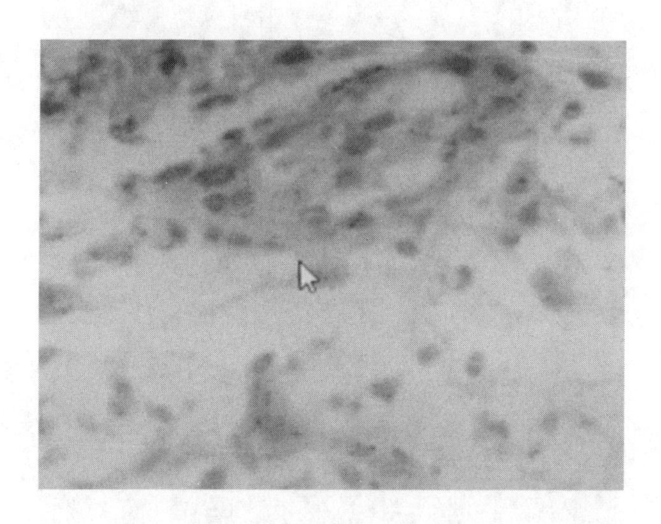

图 3-15

(14) 图 3-16 中什么原因导致了成团阴影的存在?

(15) 图 3-17 中的两处是否为细胞核? 为什么大小不一?

(16) 肉芽组织中的中性粒细胞的作用是什么?

(17) 低倍镜下为什么观察不到牛胸膜结核结节的干酪样坏死与钙化?

(18) 在图 3-18 肉芽组织中, 为什么有的地方红细胞几乎没有, 而有的地方红细胞却很多?

(19) 图 3-19 中央的圆形空腔是什么?

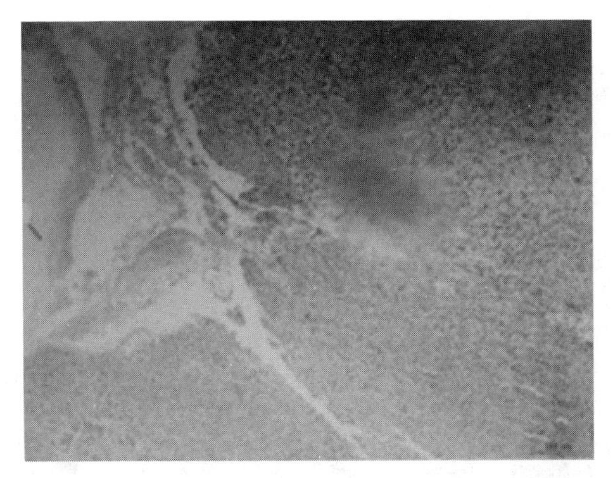

图 3-16

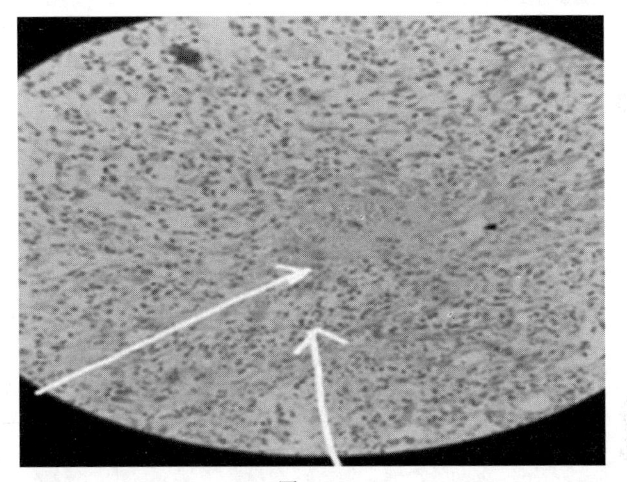

图 3-17

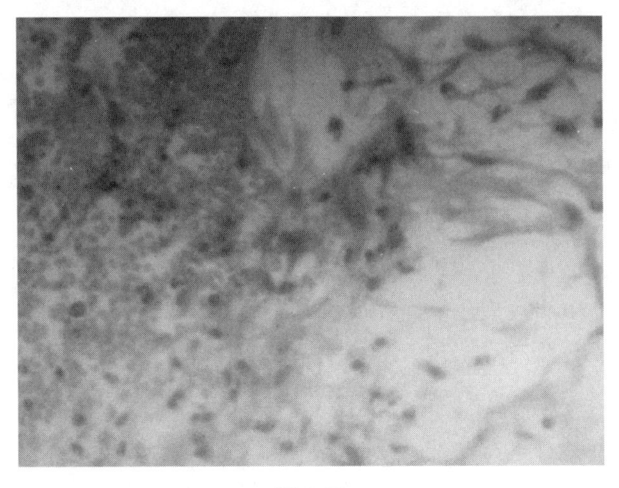

图 3-18

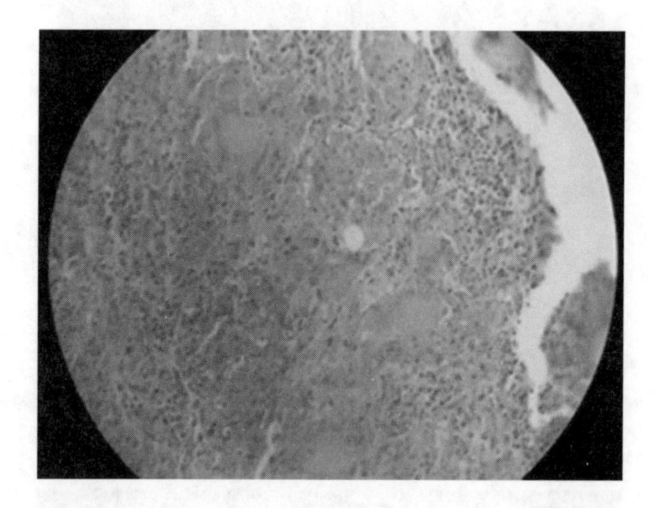

图 3-19

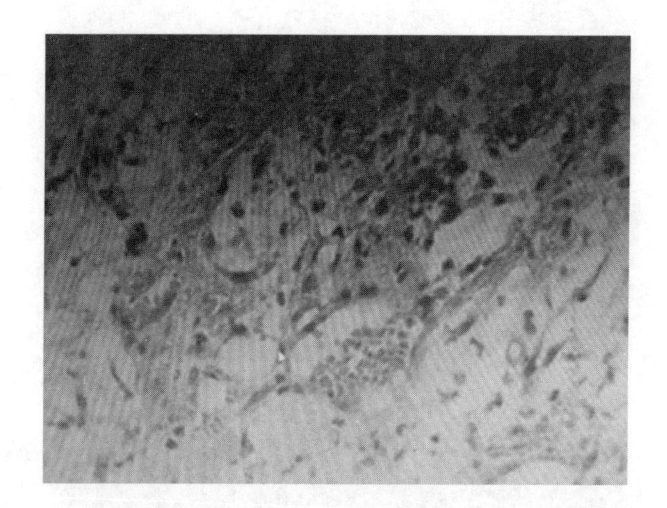

图 3-20

(20) 图 3-20 中这是新血管的生成吗?

(21) 图 3-21 黑色中间的空隙是原来存在的吗?

(22) 图 3-22 灰色染区颜色较深是组织坏死程度严重造成的吗?

(23) 图 3-23 中出现黑色区域是什么原因造成的?

(24) 图 3-24 分析有点困难，如何去具体分析其病理变化?

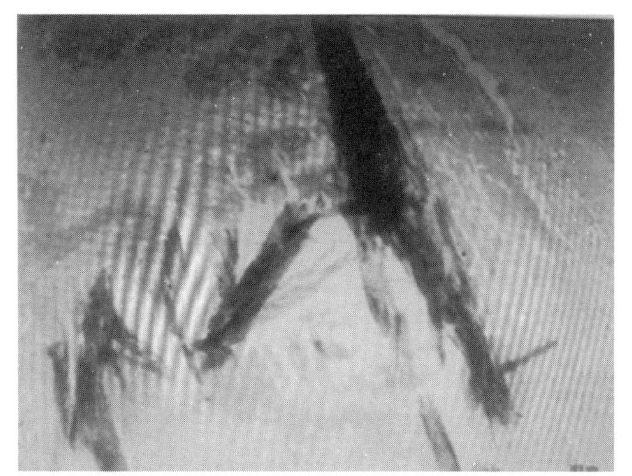

图 3-21

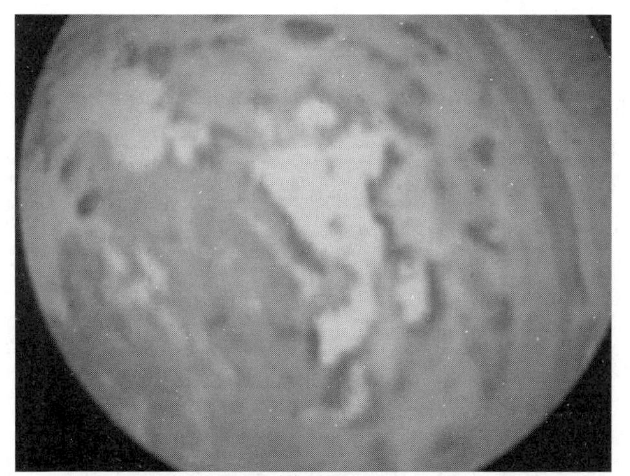

图 3-22

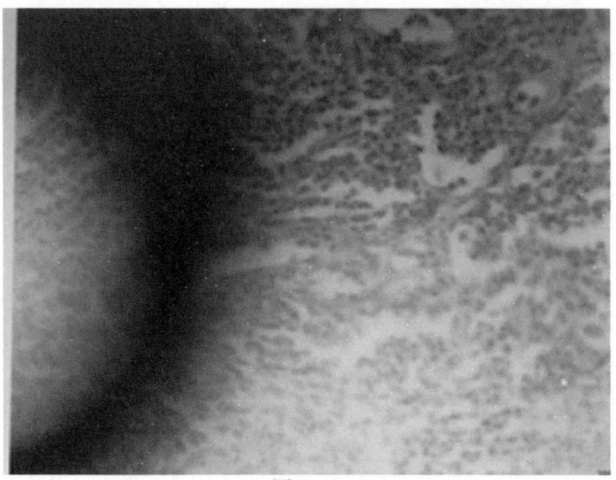

图 3-23

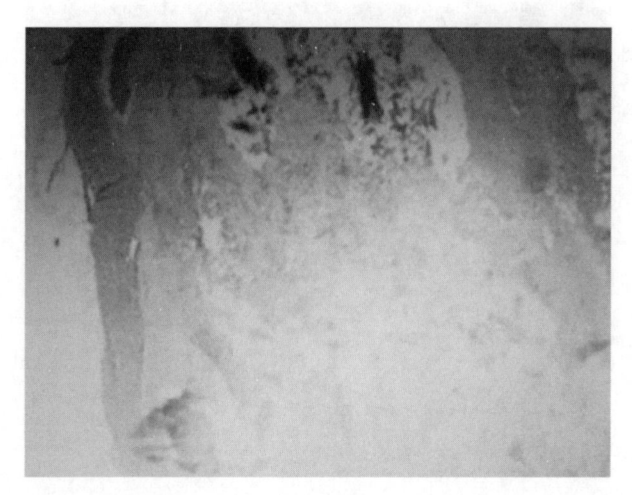

图 3-24

四、考核阶段

（一）考核内容

从肉芽组织、结核结节的显微病理变化图中，选取具有代表性的病理图片作为情景问题考卷。

（二）考核方式

每次实验课准备 4～6 套情景问题考卷，通过雨课堂教学系统下发，每个情景问题考卷包含了 4～6 个小问题，由学生进行病理图分析与观察，进行答题。

（三）考核评分

每个情景问题考卷 100 分，每个小问题为 10～20 分，根据学生回答问题的情况，由雨课堂教学系统自动评分。

（四）情景问题

1. 如图 3-25 所示，肉芽组织病变图中有 5 个问题需要作答，具体如下：

(1) 图中“A”是（　　）

A. 肉芽组织表层

B. 肉芽组织中层

C. 肉芽组织下层

D. 肉芽组织底层

(2) 图中“B”是（　　）

A. 肉芽组织表层

B. 肉芽组织中层

C. 肉芽组织下层

D. 肉芽组织底层

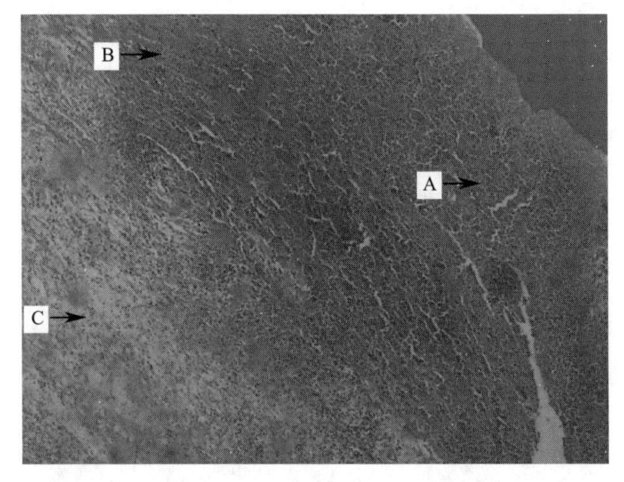

图 3-25

(3) 图中“C”是（　　）

A. 肉芽组织表层

B. 肉芽组织中层

C. 肉芽组织下层

D. 肉芽组织底层

(4) 图中“A”富含（　　）

A. 中性粒细胞

B. 淋巴细胞

C. 成纤维细胞

D. 平滑肌细胞

(5) 图中“C”富含（　　）

A. 中性粒细胞

B. 淋巴细胞

C. 成纤维细胞

D. 平滑肌细胞

2. 如图 3-26 所示，肉芽组织病变图中有 5 个问题需要作答，具体如下：

(1) 图中“A”是（　　）

A. 中性粒细胞
B. 红细胞
C. 成纤维细胞
D. 平滑肌细胞
(2) 图中“B”是(　　)
A. 中性粒细胞
B. 红细胞
C. 成纤维细胞
D. 平滑肌细胞

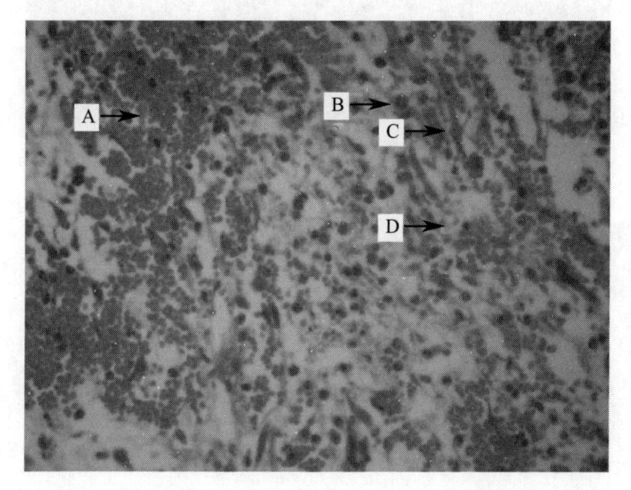

图 3-26

(3) 图中“C”是(　　)
A. 中性粒细胞
B. 红细胞
C. 成纤维细胞
D. 平滑肌细胞
(4) 图中“D”是(　　)
A. 中性粒细胞
B. 红细胞
C. 成纤维细胞
D. 平滑肌细胞
(5) 图中病理变化(　　)
A. 毛细血管出血、中性粒细胞浸润、巨噬细胞浸润
B. 毛细血管充血、中性粒细胞浸润、巨噬细胞浸润

C. 毛细血管充血、嗜碱性粒细胞浸润、巨噬细胞浸润

D. 毛细血管出血、嗜酸性粒细胞浸润、巨噬细胞浸润

3. 如图 3-27 所示，肉芽组织病变图中有 5 个问题需要作答，具体如下：

(1) 图中“A”是（　　）

A. 结缔组织层

B. 肉芽组织层

C. 坏死层

D. 钙化层

(2) 图中“B”是（　　）

A. 结缔组织层

B. 肉芽组织层

C. 坏死层

D. 钙化层

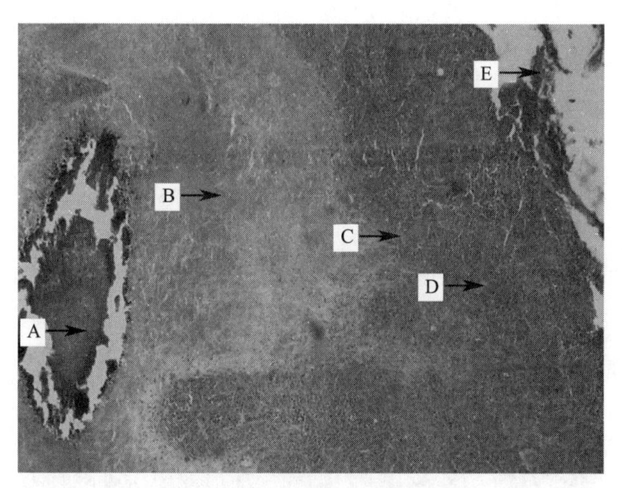

图 3-27

(3) 图中“C”是（　　）

A. 中性粒细胞

B. 多核巨细胞

C. 成纤维细胞

D. 平滑肌细胞

(4) 图中“D”是（　　）

A. 结缔组织层

B. 肉芽组织层

C. 坏死层

D. 钙化层

(5) 图中“E”是（　　）

A. 结缔组织层

B. 肉芽组织层

C. 坏死层

D. 钙化层

4. 如图 3-28 所示，肉芽组织病变图中有 5 个问题需要作答，具体如下：

(1) 图中“A”是（　　）

A. 成纤维细胞

B. 纤维细胞

C. 平滑肌细胞

D. 淋巴细胞

E. 血管内皮细胞

(2) 图中“B”是（　　）

A. 成纤维细胞

B. 纤维细胞

C. 平滑肌细胞

D. 淋巴细胞

E. 血管内皮细胞

(3) 图中“C”是（　　）

A. 成纤维细胞

B. 纤维细胞

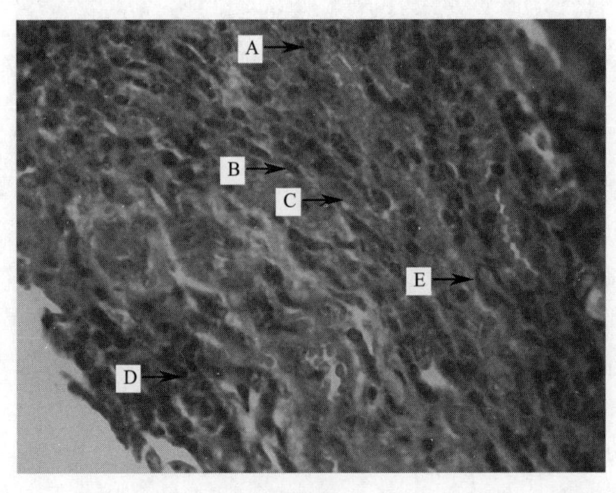

图 3-28

C. 平滑肌细胞

D. 淋巴细胞

E. 血管内皮细胞

（4）图中“D”是（　　）

A. 成纤维细胞

B. 纤维细胞

C. 平滑肌细胞

D. 淋巴细胞

E. 血管内皮细胞

（5）图中“E”是（　　）

A. 成纤维细胞

B. 纤维细胞

C. 平滑肌细胞

D. 淋巴细胞

E. 血管内皮细胞

五、点评阶段

（一）点评内容

将本节课课堂师生交流中碰到的代表性问题以及考核环节中多数学生掌握薄弱的知识点再次重点强调。

（二）点评方式

通过广播教学方式，将同学们认知、掌握不佳的知识点进行回放。

（郁川）

实验四 炎 症

【Overview】

1. Metamorphic inflammation

1.1 Necropsy lesions

The volume of liver whose surface is yellow-brown ulcers enlarges.

1.2 Microscopic lesions

The hepatic cord is disordered in the mild lesion area. The disappearance of hepatic cord, the disintegration and disappearance of hepatocytes damaged and the slight infiltration of the inflammatory cells are observed in the severe lesion area.

2. Exudative inflammation

2.1 Inflammatory cells

2.1.1 Neutrophils

Neutrophils are a type of inflammatory cells whose nuclei are kidney-shaped, rod-shaped, lobulated and diameters vary 8 to 10μm.

2.1.2 Eosinophils

Eosinophils are a type of inflammatory cells containing lobulated nuclei inside the cell and numerous eosinophilic granules in the cytoplasm.

2.1.3 Basophils

Basophils, 10μm in diameter and S-shaped/T-shaped nuclei filled with basophilic granules, are a type of inflammatory cells containing basophilic granules of varying sizes inside pale cytoplasm.

2.1.4 Mast cells

Mast cells, ranging from 6 to 30μm in diameters, are a type of inflammatory cells containing oval or round nuclei.

2.1.5 Monocytes

Monocytes, about 25μm in diameters, are a type of inflammatory cells containing kidney-shaped nuclei inside pleomorphic cell, which locate inside the blood circulation.

2.1.6 Macrophages

Macrophages, about 25μm in diameters, are a type of inflammatory cells containing kidney-shaped nuclei inside oval cell bodies, which locate inside inflammatory tissues.

2.1.7 Multinucleated giant cells

Multinucleated giant cells, also known as Langhan' s cells, are a type of inflammatory cells whose volumes are about 300μm in diameter. There are three kinds of distributions for their nuclei, which are the following: the nucleus is arranged in a rosette or horseshoe shape inside the cell, the nuclei population gathers at a pole or two poles of the cell; the nuclei scatter throughout cytoplasm.

2.1.8 Lymphocytes

Lymphocytes, vary in size, are a type of inflammatory cells containing large, hyperchromatic nuclei inside round cell bodies.

2.1.9 Plasma cells

Plasma cells, from 10 to 20μm in diameter, are a type of inflammatory cells containing round nucleus commonly locating on one side of the round or oval cells.

2.2 Serous inflammation

2.2.1 Acute catarrhal gastritis

The gastric mucosa is swollen, with a large amount of bright mucus covering the surface of mucosa. Microscopically, the distances among epithelial cells are widened and filled with a large amount of serous fluid.

2.2.2 Acute catarrhal enteritis

The intestinal mucosa is swollen, and a large amount of bright mucus covers on the surface of the mucosa. Microscopically, the distances among epithelial cells are widened and filled with a large amount of serous fluid. In addition, a great deal of goblet cells proliferated occurred among the epithelial cells of intestine.

2.3 Fibrinitis

2.3.1 Croupous inflammation

The surface of the heart is covered with a large number of yellow or white flocculent exudates, which are unevenly distributed on the surface of the heart due to the friction between the pericardium and the heart by the beating of the heart. The heart above is also known as cor hirsutum.

2.3.2 Diphtheritic inflammation

Many red crater-like ulcer foci distributing under membranae serosa of the large intesine are observed, which is also known as fibrinonecrotic inflammation.

2.4 Purulent inflammation

Some pale yellow abscesses distributed on the surface of tonsils. And the white, pale yellow abscesses appeared on the surface of lungs. Microscopically, a large number of neutrophils are distributed inside the inflammatory foci.

2.5 Hemorrhagic inflammation

The mesenteric lymph nodes and mandibular lymph nodes are swollen and from dark red to deep red. The bladder mucosa is infiltrating hemorrhage, and the center of inflammatory foci is dark red. The intestinal mucosa is swollen and dark red. Microscopically, a large number of red blood cells are observed in the intestinal mucosa, submucosa, and lamina propria.

3. Proliferative inflammation

The lungs are enlarged in volume with a large number of pale yellow miliary to pea-like nodules. Microscopically, the disappearance of alveolar structure, the infiltration of inflammatory cells, and the connective tissue hyperplasia are common.

一、示范授课阶段

（一）实验目的

了解炎性细胞及常见炎症形态特点，正确鉴别炎性细胞形态，在识别炎症本质的基础上掌握炎症的病变特点。

（二）仪器与耗材

1. 数码显微系统。
2. 卡他性胃炎（犬）（福尔马林固定大体标本）。
3. 出血性肠炎（猪）（福尔马林固定大体标本）。
4. 血涂片（鸡新城疫）（福尔马林固定大体标本、病理组织切片）。

5. 擦镜纸、香柏油、显微镜物镜清洗液。

（三）实验内容

1. 变质性炎

（1）剖检病变　肝脏体积肿大，表面黄褐色溃疡灶。

（2）显微病变　病变轻微部位肝细胞索排列紊乱，病变严重部位肝细胞崩解、消失，炎性细胞稍浸润。

2. 渗出性炎

（1）炎性细胞

① 中性粒白细胞：直径8～10μm，肾形、杆形、分叶核。

② 嗜酸性粒白细胞：胞浆内含有大量嗜酸性颗粒，分叶核。

③ 嗜碱性粒白细胞：直径约10μm，胞浆着色浅，内含大小不等的嗜碱性颗粒，核呈S形/T形。

④ 肥大细胞：胞体大小不等，直径6～30μm，卵圆形或圆形核。

⑤ 单核细胞：直径25μm左右，胞体呈多形性，肾形核。

⑥ 巨噬细胞：直径25μm左右，胞体呈多形性，肾形核。

⑦ 多核巨细胞：细胞体积巨大，直径约300μm，核有三种分布方式——核呈花环状排列在细胞浆的周边，又称马蹄状；群体聚集在细胞体的一端或两极；散布于整个细胞的胞浆中。

⑧ 淋巴细胞：直径8～12μm，大小不等，圆形或卵圆形核，小淋巴细胞核大深染，胞浆较少，中、大淋巴细胞胞浆丰富。

⑨ 浆细胞：直径10～20μm，胞体圆形或卵圆形，圆形核，位于细胞一侧。

（2）浆液性炎

① 急性卡他性胃炎：胃黏膜肿胀，黏膜表面渗出大量晶亮黏液性渗出物。显微镜下上皮细胞间距增宽，充盈大量浆液。

② 急性卡他性肠炎：肠黏膜肿胀，黏膜表面渗出大量晶亮黏液性渗出物。显微镜下可见上皮细胞间距增宽，充满大量浆液，杯状细胞大量增生。

（3）纤维素性炎　心脏表面覆盖大量黄色或白色絮状渗出物，因心脏跳动引起心包与心脏摩擦，在心脏表面分布不均，为浮膜性炎，俗称“绒毛心”；在大肠的浆膜下存在许多红色溃疡灶，火山口样，为固膜性炎。

（4）化脓性炎

① 眼观：扁桃体表面可见淡黄色脓肿；肺脏表面可见白色、淡黄色脓肿。

② 显微镜下：大量中性粒细胞炎灶内浸润。

(5) 出血性炎

① 眼观：肠系膜淋巴结、下颌淋巴结色泽暗红甚至深红，体积肿大；膀胱黏膜浸润性出血，炎灶中心色泽暗红；肠黏膜肿胀，暗红色。

② 显微镜下：肠黏膜、黏膜下层、固有层组织中渗出大量红细胞。

3. 增生性炎

① 眼观：肺脏体积肿大，色泽淡黄，表面形成大量粟粒至豌豆状结节。

② 显微镜下：肺泡结构消失，炎性细胞浸润、结缔组织增生。

（四）课后作业

识别炎性细胞的形态特点，画出高倍镜下炎性细胞形态结构图。

二、病理组织切片观察阶段

（一）观察内容

鸡血涂片（新城疫）。

（二）观察要求

1. 数码显微系统操作

要求每位学生认真、细致，认真操作数码显微系统，独立完成病理组织切片的观察。

2. 显微病理问题处理

要求每位同学准备1个笔记本，将观察病理组织切片过程中碰到的问题记录下来（至少5个问题）。

三、网络化分析问题阶段

（一）分组

座位相近或相邻的4～6名同学为一组。

（二）要求

要求小组的每位同学做好“三问”——问自己、问同学、问教师。首先，结合动物病理学理论教材、实验课教材，甚至互联网上的相关知识独自进行问题解答，与同学们进行分享解析过程；然后，碰到自己解答不了的问题，小组成员进行分析、讨论，协同集体智慧解析问题；最后，小组集体解决不了的问题，推送至雨课堂教学系统，师生一起进行网络化分析、讨论、交流，碰到具有代表性的问题，由教师通过数码系统的广播教学进行全班同学分享。

（三）问题汇总

（1）图 4-1 中标示的是什么细胞？

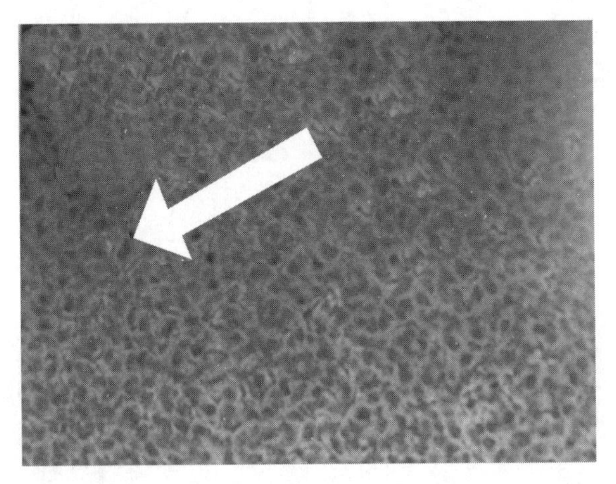

图 4-1

（2）图 4-2 中圈内标示的是什么细胞？

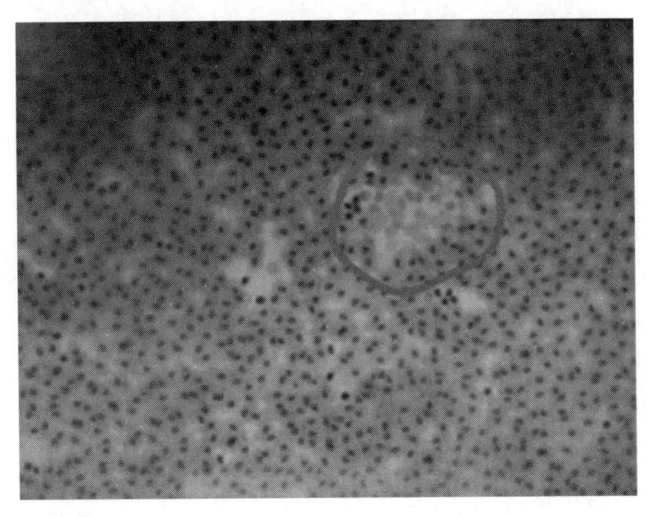

图 4-2

（3）图 4-3 中标示 2、4、7、8、11、12 都是中性粒细胞吗？

（4）图 4-4 中多核巨细胞周围分散的核为什么那么少？

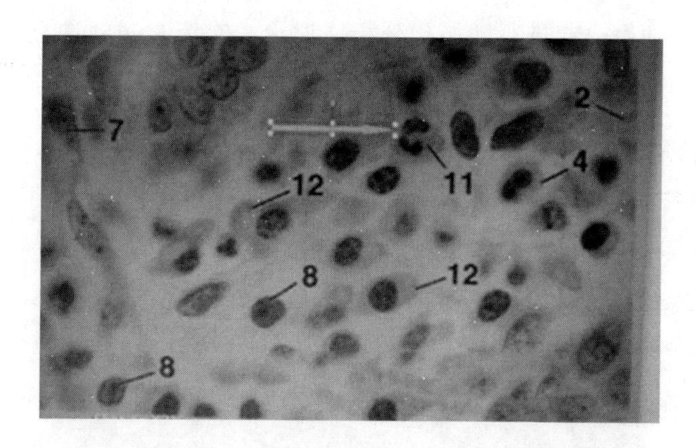

图 4-3

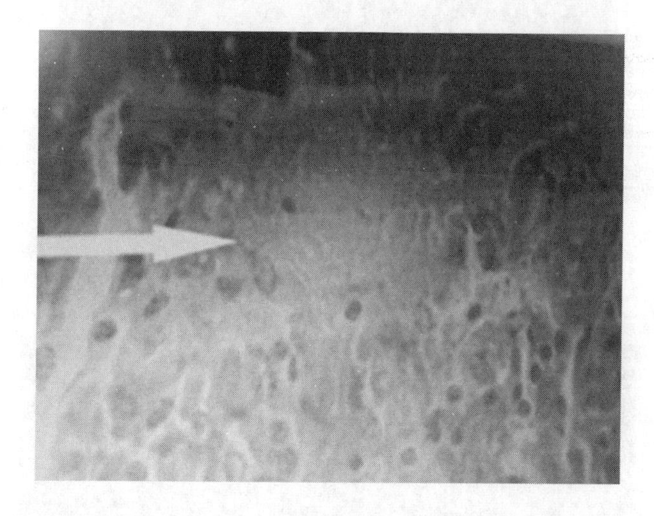

图 4-4

（5）如何在图 4-5 中观察区域内找到参照物，方便对比出目标细胞大小？

（6）这个是中性粒细胞吗？是因为未成熟，所以核都未分叶吗？

（7）炎区出现的炎性细胞主要是什么细胞？

（8）中性粒细胞为什么越老分叶越多？

（9）嗜酸性粒细胞的数目变化与分布的影响因素是什么？数量较多或者较少的话对机体有很大影响吗？

（10）中性粒细胞、嗜酸性粒细胞和嗜碱性粒细胞在何时发挥主要作用？显微镜下如何区分中性粒细胞和嗜酸性细胞？

（11）图 4-6 中标示的是什么细胞？

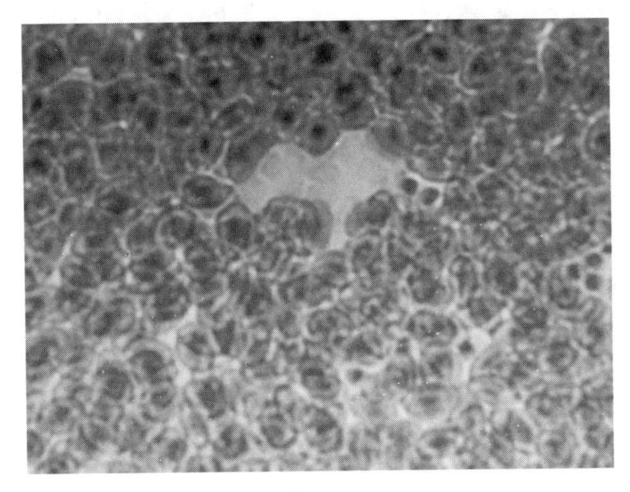

图 4-5

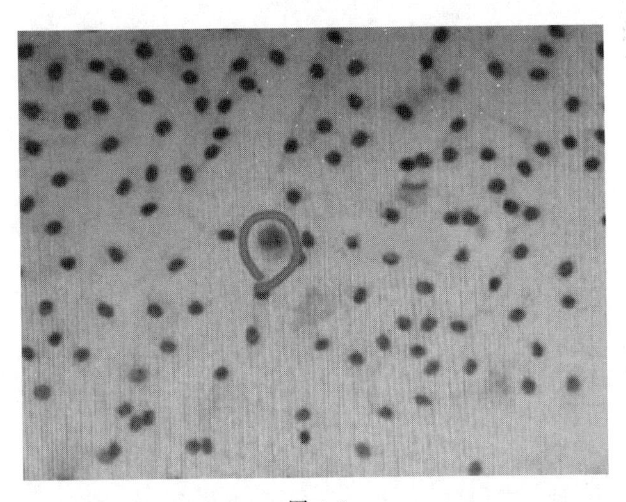

图 4-6

(12) 图 4-7 中间密集的细胞是什么细胞?

(13) 中性粒细胞与嗜酸性粒细胞除了从染色区分还能从哪方面区分?

(14) 图 4-8 中的阴影是什么细胞?

(15) 图 4-9 中黑圈内的是什么?

(16) 图 4-10 中黑圈内的是什么?

(17) 寄生虫都能引起嗜酸性粒细胞浸润吗?

(18) HE 染色切片中嗜碱性粒细胞的形态特点是什么?

(19) 如何区分嗜碱性粒细胞与中性粒细胞?

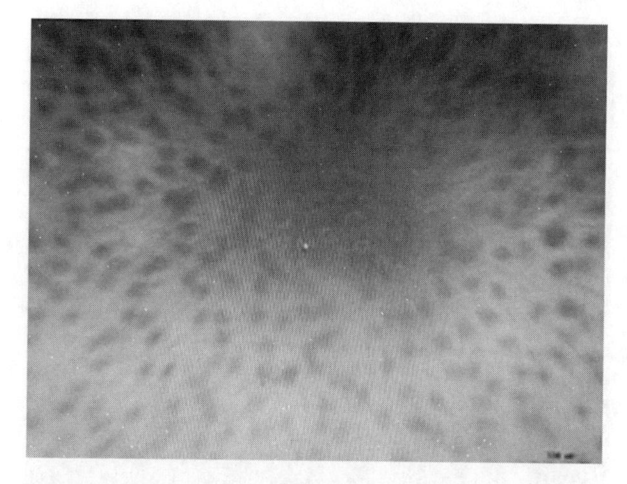

图 4-7

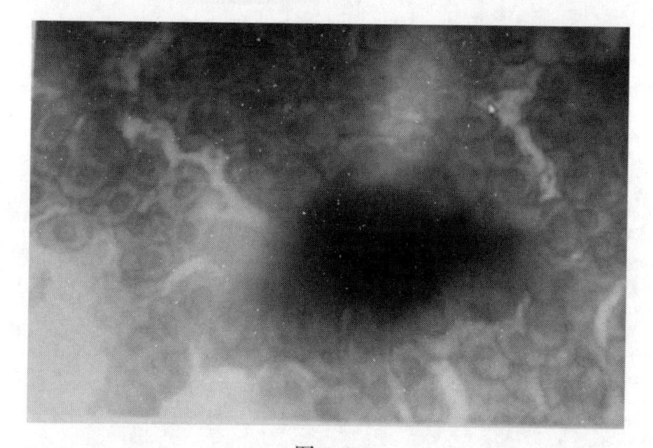

图 4-8

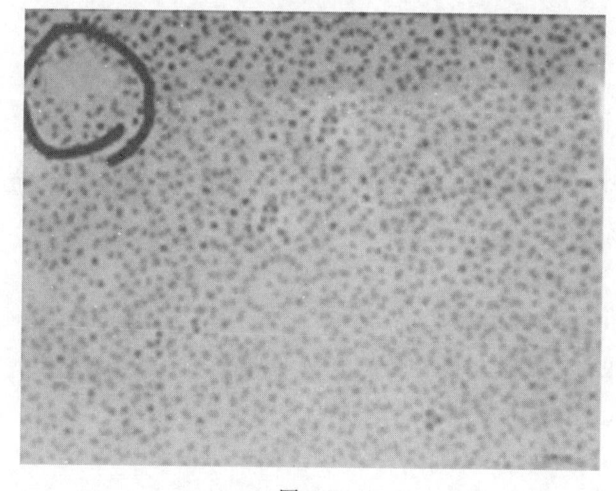

图 4-9

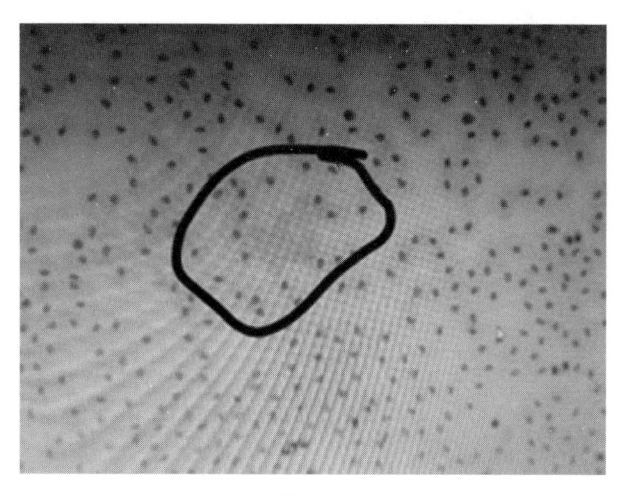

图 4-10

四、考核阶段

（一）考核内容

从鸡新城疫病患鸡血涂片的显微病理变化图中，选取具有代表性的病理图片作为情景问题考卷。

（二）考核方式

每次实验课准备 4～6 套情景问题考卷，通过雨课堂教学系统下发，每个情景问题考卷包含了 4～6 个小问题，由学生进行病理图分析与观察，进行答题。

（三）考核评分

每个情景问题考卷 100 分，每个小问题为 10～20 分，根据学生回答问题的情况，由雨课堂教学系统自动评分。

（四）情景问题

1. 如图 4-11 所示，鸡新城疫病血涂片病变图中有 5 个问题需要作答，具体如下：

（1）图中“A”是（　　）

A. 中性粒细胞

B. 嗜酸性粒细胞

C. 血小板

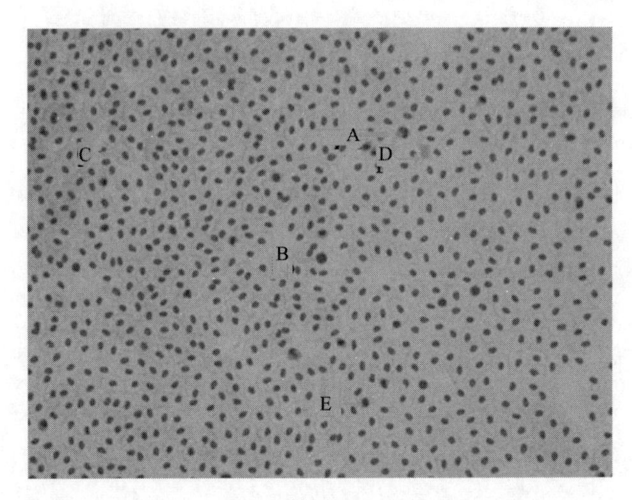

图 4-11

D. 淋巴细胞

E. 红细胞

(2) 图中“B”是（　　）

A. 中性粒细胞

B. 嗜酸性粒细胞

C. 血小板

D. 淋巴细胞

E. 红细胞

(3) 图中“C”是（　　）

A. 中性粒细胞

B. 嗜酸性粒细胞

C. 血小板

D. 淋巴细胞

E. 红细胞

(4) 图中“D”富含（　　）

A. 中性粒细胞

B. 嗜酸性粒细胞

C. 血小板

D. 淋巴细胞

E. 红细胞

(5) 图中“E”富含（　　）

A. 中性粒细胞

B. 嗜酸性粒细胞

C. 血小板

D. 淋巴细胞

E. 红细胞

2. 如图 4-12 所示，心肌组织病变图中有 5 个问题需要作答，具体如下：

(1) 图中“A”是（ ）

A. 心肌细胞

B. 红细胞

C. 成纤维细胞

D. 平滑肌细胞

(2) 图中“B”是（ ）

A. 心肌细胞

B. 红细胞

C. 成纤维细胞

D. 平滑肌细胞

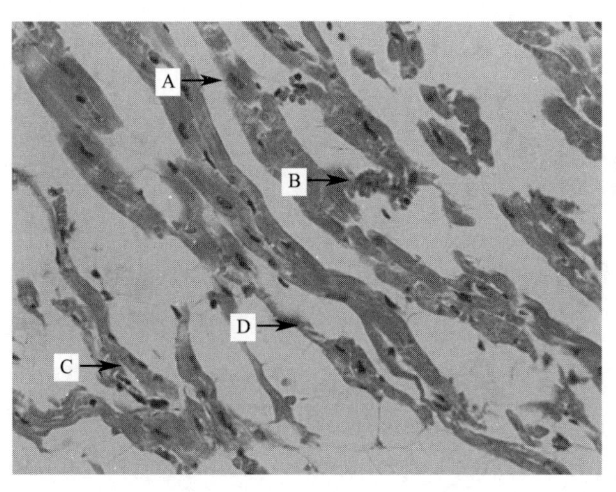

图 4-12

(3) 图中“C”是（ ）

A. 心肌细胞

B. 红细胞

C. 成纤维细胞

D. 平滑肌细胞

(4) 图中“D”富含（ ）

A. 心肌细胞

B. 红细胞
C. 成纤维细胞
D. 平滑肌细胞
(5) 图中病理变化是（　　）
A. 心肌细胞坏死
B. 中性粒细胞浸润
C. 嗜酸性粒细胞浸润
D. 间质水肿
3. 如图 4-13 所示，淋巴结组织病变图中有 5 个问题需要作答，具体如下：
(1) 图中“A”是（　　）
A. 小动脉
B. 小静脉
C. 毛细血管
D. 淋巴窦
(2) 图中“B”是（　　）
A. 淋巴细胞
B. 红细胞
C. 网状细胞
D. 嗜酸性粒细胞
(3) 图中“C”是（　　）
A. 充血
B. 出血
C. 血栓
D. 贫血
(4) 图中“D”是（　　）
A. 淋巴细胞
B. 红细胞
C. 网状细胞
D. 嗜酸性粒细胞
(5) 图中“E”是（　　）
A. 淋巴细胞
B. 红细胞
C. 网状细胞
D. 嗜酸性粒细胞

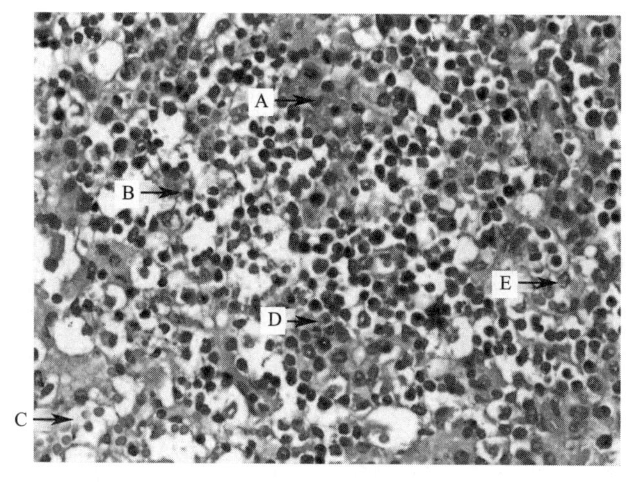

图 4-13

4. 如图 4-14 所示，肺脏组织病变图中有 5 个问题需要作答，具体如下：

(1) 图中“A”是（　　）

A. 中性粒细胞

B. 平滑肌细胞

C. 巨噬细胞

D. 淋巴细胞

E. 柱状细胞

(2) 图中“B”是（　　）

A. 中性粒细胞

B. 平滑肌细胞

C. 巨噬细胞

D. 淋巴细胞

E. 柱状细胞

(3) 图中“C”是（　　）

A. 中性粒细胞

B. 平滑肌细胞

C. 巨噬细胞

D. 淋巴细胞

E. 柱状细胞

(4) 图中“D”是（　　）

A. 中性粒细胞

B. 平滑肌细胞

C. 巨噬细胞

D. 淋巴细胞

E. 柱状细胞

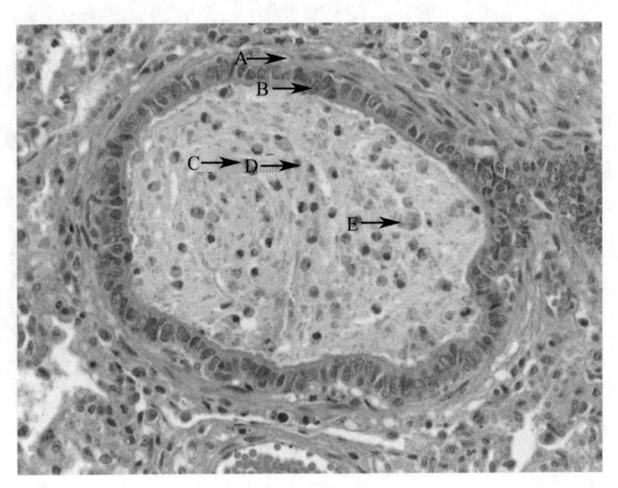

图 4-14

(5) 图中“E”是（　　）

A. 中性粒细胞

B. 平滑肌细胞

C. 巨噬细胞

D. 淋巴细胞

E. 柱状细胞

五、点评阶段

（一）点评内容

将本节课课堂师生交流中碰到的代表性问题以及考核环节中多数学生掌握薄弱的知识点再次重点强调。

（二）点评方式

通过广播教学方式，将同学们认知、掌握不佳的知识点进行回放。

（郁川）

实验五 肿 瘤

【Overview】

1. Necropsy

1.1 Fibroma

The fibromas vary from pea to human head in volume, which the boundary between the tumor and the surrounding tissue is clear. The surface of the fibroma is gray-white or yellow-white with smooth capsule.

1.2 Fibrosarcoma

The round or oval fibrosarcomas are nodular or cauliflower-like.

1.3 Lipoma

The appearances of lipomas are spherical, hemispherical, papillary, respectively. In addition, the complete capsule, soft texture, light yellow cut surface are common in the lipoma.

1.4 Malignant melanoma

The gray-black, dark black or mixed color with gray-white and black small nodules are commonly seen.

1.5 Squamous skin cancer

The kind of tumors often are nodular, verrucous, in which the coarse granular, and hemorrhage are observed on the gray-white cut surface.

1.6 Primary liver cancer

Primary liver cancer contains three types of diffuse type, nodular type, and massive type. In addition, the massive type often forms a huge tumor mass in the liver, surrounded by small tumor nodules, with severe bleeding and extensive proliferation of connective tissue.

2. Microscopic lesions

2.1 Cutaneous papilloma

Under low magnification, the abnormally outward proliferations of the squamous epitheliums form papillary branches containing keratinized epitheliums, connection tissues, and capillaries, which look like glove-shape. The reduction of nuclei and homogeneously red-stained cytoplasm of the squamous epitheliums are observed. The axis of the papilla is formed by the branched interstitium which consist of rich fibrous connective tissue and capillaries. In addition, lymphocyte infiltrations in deep interstitial tissue are seen.

Under high magnification, the covering epithelium of corneum is slender and fibrous, which the cytoplasm is deeply red-stained and the cell outline is not clear. The spindle-shaped transitional epithelial cells contain round or oval nuclei, clear nuclear membrane, and light nuclear chromatin. The spindle-shaped tumor cells of the transitional epithelium contain dark red-stained cytoplasm interspersing with blue fine particles, and dark blue round, oval, thin rod-shaped nuclei. In addition, rough nuclear membrane and blocky chromatin can be observed inside the tumor cells. The cell edge of polygonal squamous epithelium appears squamous or serrated, which contain round or oval nucleus, clear nuclear membrane and light stained nuclear chromatin. The polygonal squamous epithelioma cells contain round, oval, thin rod-shaped nuclei, massive chromatin formation inside the nuclei. In addition, the atypia of the squamous epithelioma cell is less. The columnar epithelia closely arrange on the periphery of the connective tissue of the axial layer, which the cells are spindle-shaped and the nuclei are rod-shaped. The tumor cells are similar to normal columnar cells in which the chromatins inside the nuclei are massive and hyperchromatic. The capillaries, fibroblasts, and collagen fibers distribute inside the axial layer.

2.2 Squamous carcinoma

Under low magnification, cancer nests, round or oval nest-like structures, are formed by the squamous epithelial cancer cells in the lower layer of the skin. The cancer cells grow invasively. A large number of connective tissue hyperplasia appears around the cancer nest. A round lamellar body, also known as cancer bead, is formed through the marked keratinization of inner layer cancerous tissue.

Under low magnification, the connective tissue hyperplasia and by inflammatory cells infiltration are observed in the periphery of the cancer nest.

The spindle-shaped or low-cubic basal cells distribute inside the outer layer of the cancer nest. The acanthocytes inside the middle layer of the cancer nest contain larger cell bodies, round nuclei, lightly stained cytoplasm and nuclei, clear nuclear membranes as well as neat arrangement and distribution around cancer beads. The flat epithelioma cells in the inner layer vary in volumes, containing more mitoses and foggy nuclear membranes that are rough and serrated. The ring-like acellular structures formed by the keratinized cancer cells are also known as cancer beads.

一、示范授课阶段

（一）实验目的

了解肿瘤的常见病理形态，掌握良性肿瘤细胞、恶性肿瘤细胞形态特征及鉴别要点，掌握肿瘤的镜下病变特点。

（二）仪器与耗材

1. 数码显微系统

2. 良性肿瘤

（1）纤维瘤　福尔马林固定大体标本、病理组织切片。

（2）脂肪瘤　福尔马林固定大体标本。

3. 恶性肿瘤

（1）肉瘤　福尔马林固定大体标本、病理组织切片。

（2）鳞状皮肤癌　福尔马林固定大体标本、病理组织切片。

（3）原发性肝癌　福尔马林固定大体标本。

4. 擦镜纸、香柏油、显微镜物镜清洗液

（三）实验内容

1. 剖检病变

（1）纤维瘤　肿瘤呈豌豆至人头大小，瘤体与周围组织分界清晰，表面光滑、包膜完整，色泽灰白或黄白。

（2）纤维肉瘤　肿瘤呈圆形、椭圆形，结节状或菜花样。

(3) 脂肪瘤　肿瘤外形包括球状、半球状、乳头状，包膜完整、质地柔软、切面淡黄色。

(4) 恶性黑色素瘤　肿瘤多呈小结节状，色泽灰黑、深黑或灰白色与黑色混杂。

(5) 鳞状皮肤癌　肿瘤外形呈结节状、疣状，切面色泽灰白，粗颗粒状，出血。

(6) 原发性肝癌　肿瘤外形呈弥漫型、结节型、巨块型，巨块型常在肝内形成巨大癌块，周围小肿瘤结节，出血严重，结缔组织广泛增生。

2. 显微病变

(1) 皮肤乳头状瘤

① 低倍镜：鳞状上皮向外异常增生，形成乳头状分支。乳头表层被覆上皮角化，细胞核减少，胞浆均质红染，形如手套状。乳头的轴心层是由富含纤维结缔组织和毛细血管并呈分支状分布的间质构成，淋巴细胞浸润（图 5-1）。

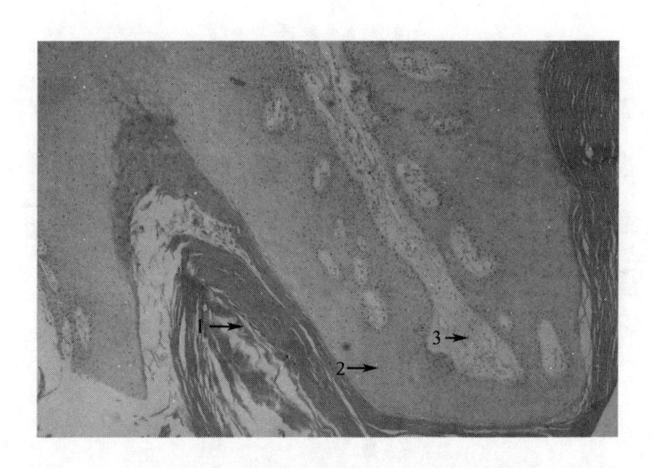

图 5-1　乳头状瘤（HE 染色，40 倍，纵切）

1—角化层；2—肿瘤实质层；3—肿瘤间质层

② 高倍镜：角质层被覆上皮呈细长纤维状，胞浆深染，轮廓不清晰。移行上皮细胞外观呈梭形，细胞核圆形或椭圆形，核膜清晰，核染色质较淡；移行上皮瘤细胞呈梭形，胞浆染色较深，色泽深红，间杂蓝色细小颗粒，细胞核呈圆形、椭圆形、细杆状，深蓝色，染色较深，核膜粗糙，染色质呈块状（图 5-2）。鳞状上皮呈多边形，细胞边缘呈鳞状或锯齿状结构，核呈圆形或椭圆形，核膜清晰，核染色较淡，鳞状上皮瘤细胞外观呈多边形，胞核呈圆形、椭圆形、细杆状，核内有块状染色质，异型性较小（图 5-3）。柱状上皮分布在轴心层结缔组织外围，细胞外观呈梭形，核呈杆状，瘤细胞与正常柱状细胞相似，核内染色质块状深染。

轴心层较多毛细血管、成纤维细胞、胶原纤维。

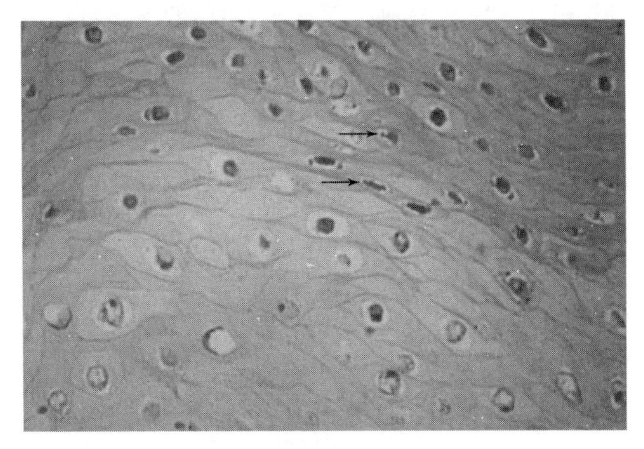

图 5-2 乳头状瘤——移行上皮瘤细胞（HE 染色，400 倍，箭头处）

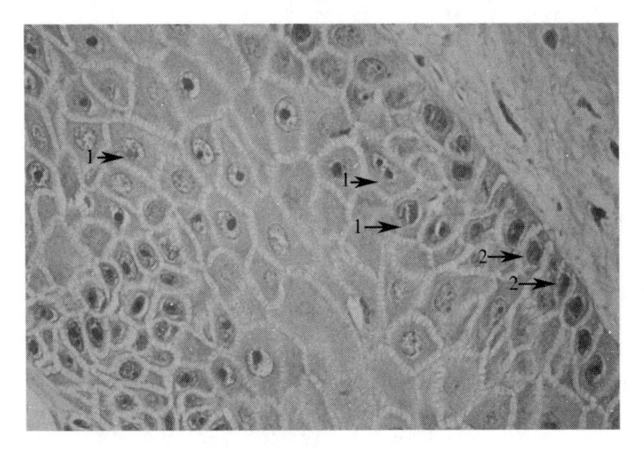

图 5-3 乳头状瘤——鳞状上皮瘤细胞（HE 染色，400 倍，箭头处）

1—鳞状上皮瘤细胞；2—柱状上皮

（2）鳞状上皮癌

① 低倍镜：在皮肤下层，鳞状上皮癌细胞形成圆形、椭圆巢状结构——癌巢，呈浸润生长。癌巢附近结缔组织大量增生，内层明显角质化，均质红染并形成轮层状小体，称为癌珠（图 5-4）。

② 高倍镜：癌巢附近结缔组织增生，淋巴细胞为主的炎性细胞浸润。癌巢外层为梭形或低立方形基底细胞，中层棘细胞体积增大，核圆形，胞浆、胞核淡染，核膜清晰，围绕癌珠整齐排列、分布，内层为扁平的鳞状上皮癌细胞，大小不一，核分裂较多，核膜不清，核膜粗糙呈锯齿状（图 5-5）。角质化的癌细胞形成轮层状无细胞核结构，称为癌珠（图 5-6）。

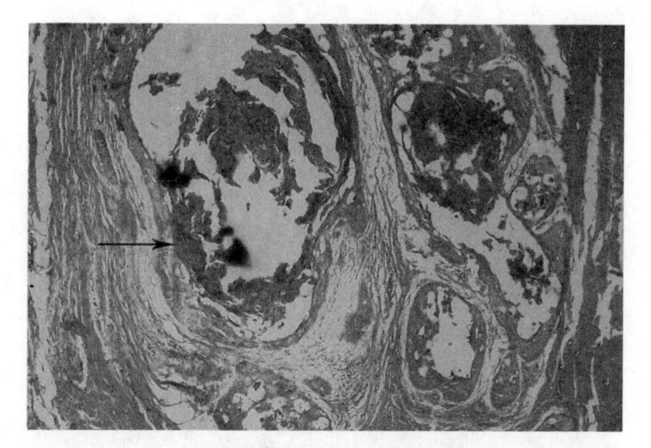

图 5-4　癌巢（一）（HE 染色，40 倍）

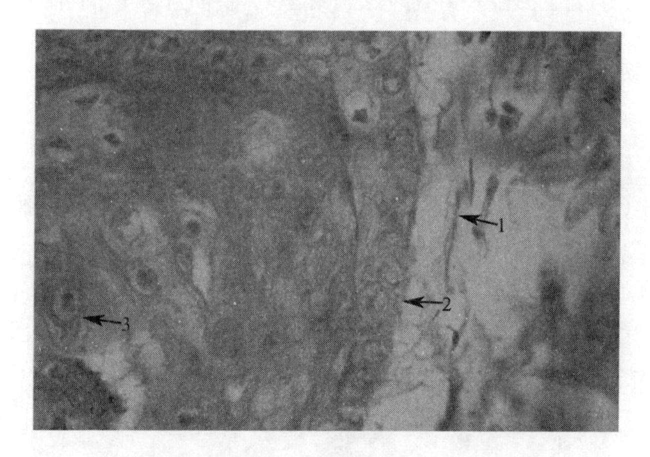

图 5-5　癌巢（二）（HE 染色，400 倍）

1—纤维细胞；2—基底层癌细胞；3—角化癌细胞

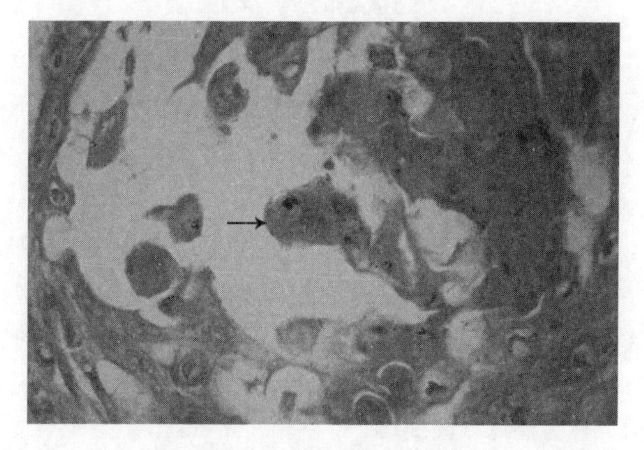

图 5-6　癌珠（HE 染色，400 倍）

（四）课后作业

绘出乳头状瘤、鳞状上皮癌低倍、高倍镜图，标出主要结构并用病理学术语描述。

二、病理组织切片观察阶段

（一）观察内容

皮肤乳头状瘤、鳞状上皮癌组织切片。

（二）观察要求

1. 数码显微系统操作

要求每位学生认真、细致，认真操作数码显微系统，独立完成病理组织切片的观察。

2. 显微病理问题处理

要求每位同学准备1个笔记本，将观察病理组织切片过程中碰到的问题记录下来（至少5个问题）。

三、网络化分析问题阶段

（一）分组

座位相近或相邻的4～6名同学为一组。

（二）要求

要求小组的每位同学做好“三问”——问自己、问同学、问教师。首先，结合动物病理学理论教材、实验课教材，甚至互联网上的相关知识独自进行问题解答，与同学们进行分享解析过程；然后，碰到自己解答不了的问题，小组成员进行分析、讨论，协同集体智慧解析问题；最后，小组集体解决不了的问题，推送至雨课堂教学系统，师生一起进行网络化分析、讨论、交流，碰到具有代表性的问题，由教师通过数码系统的广播教学进行全班同学分享。

（三）问题汇总

（1）图5-7中环形是什么结构？其里面那一块是什么结构？

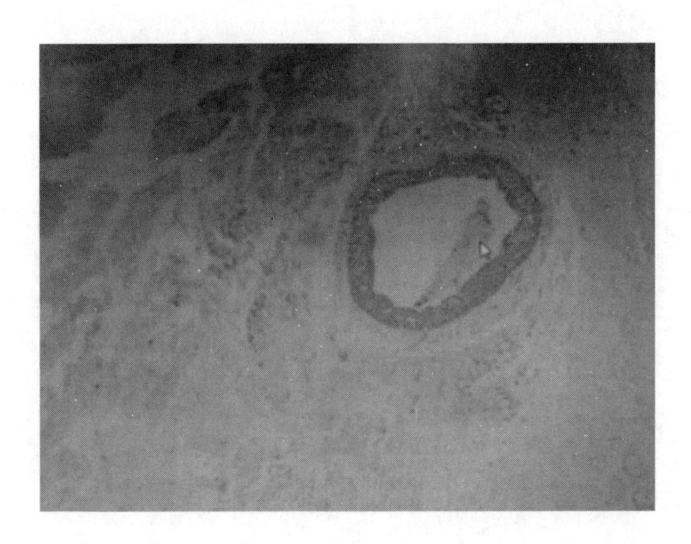

图 5-7

（2）图 5-8 中鼠标指的地方是毛细血管吗？

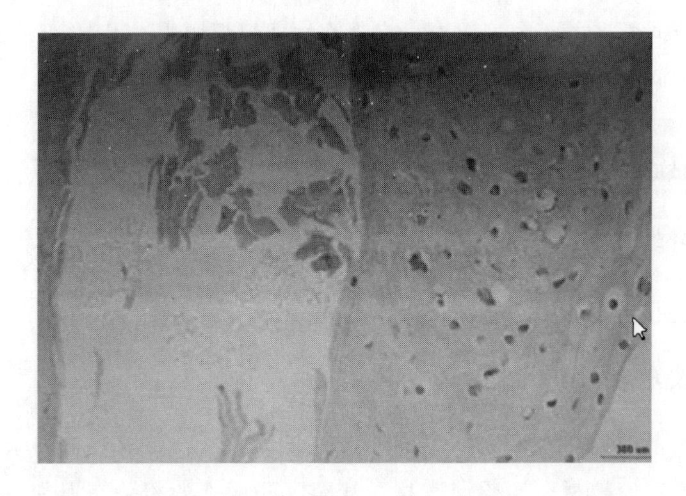

图 5-8

（3）具有角化珠的癌巢可确定为哪种癌？

（4）图 5-9 中箭头指向的结构是癌巢吗？

（5）图 5-10 中的灰色部位是什么？

（6）图 5-11 中光标所指的是什么细胞？

（7）图 5-12 中黑圈内的组织染色特别红是什么原因？

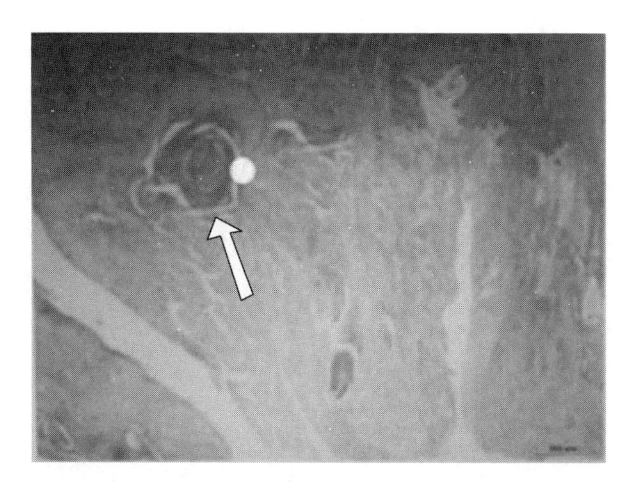

图 5-9

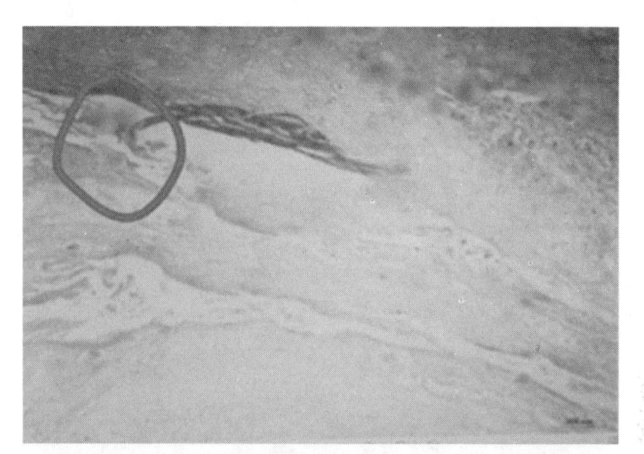

图 5-10

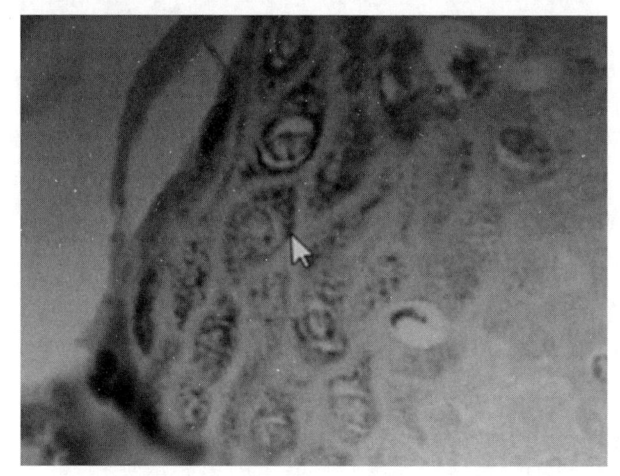

图 5-11

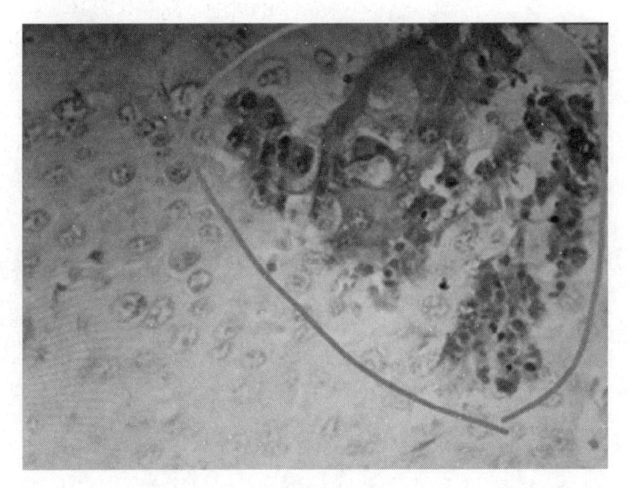

图 5-12

(8) 鳞状上皮癌细胞都存在癌珠吗?

(9) 图 5-13 中灰色圈内的黑点是杂质还是坏死组织?

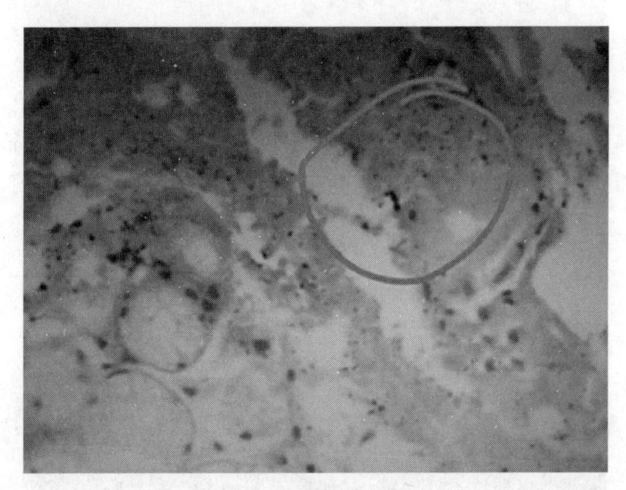

图 5-13

(10) 如何区分癌巢的角化细胞和癌细胞?

(11) 图 5-14 是中间层吗? 图中间的是癌细胞吗?

(12) 鳞状上皮癌常发于哪些部位? 不同部位的状况表现都一样吗?

(13) 图 5-15 中黑色的东西是什么?

(14) 肿瘤和癌有什么关系? 肿瘤后期就会变成癌么?

(15) 图 5-16 中灰色圈内的结构是毛细血管吗?

(16) 图 5-17 中左上部组织是癌巢吗?

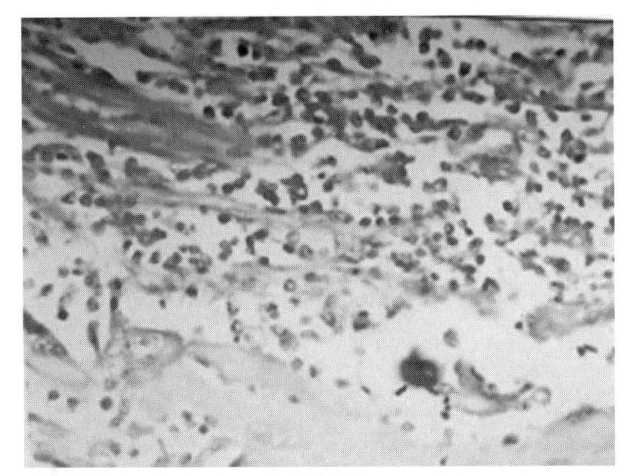

图 5-14

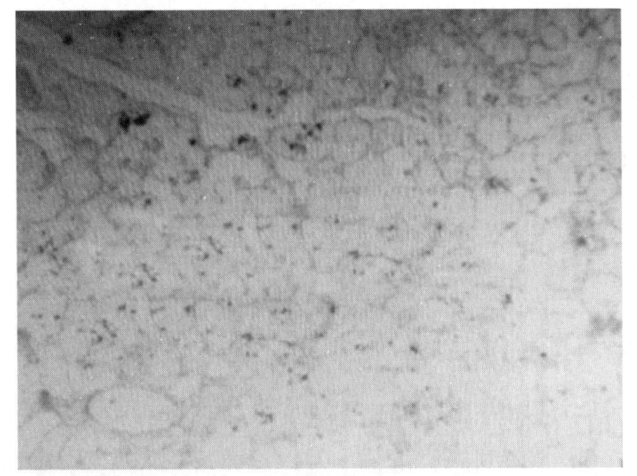

图 5-15

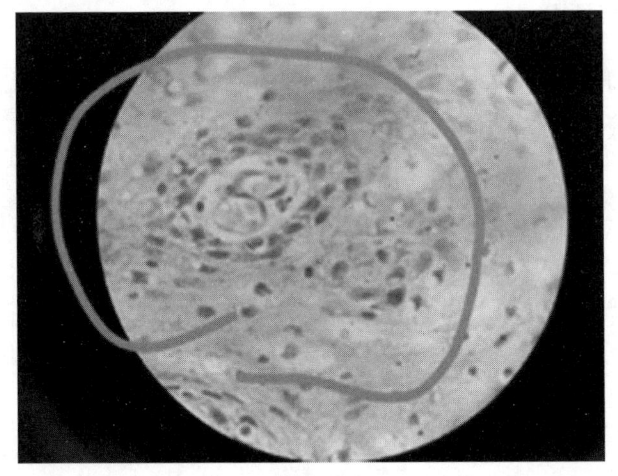

图 5-16

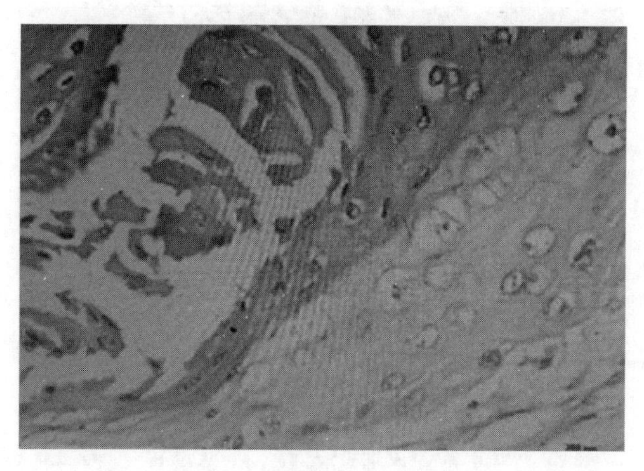

图 5-17

四、考核阶段

（一）考核内容

从皮肤乳头状瘤、皮肤鳞状上皮癌的显微病理变化图中，选取具有代表性的病理图片作为情景问题考卷。

（二）考核方式

每次实验课准备 4～6 套情景问题考卷，通过雨课堂教学系统下发，每个情景问题考卷包含了 4～6 个小问题，由学生进行病理图分析与观察，进行答题。

（三）考核评分

每个情景问题考卷 100 分，每个小问题为 10～20 分，根据学生回答问题的情况，由雨课堂教学系统自动评分。

（四）情景问题

1. 如图 5-18 所示，皮肤乳头状瘤病变图中有 5 个问题需要作答，具体如下：

(1) 图中“A”是（   ）

A. 角化层

B. 中间层

C. 轴心层

D. 间质层

E. 脱落角化层

（2）图中“B”是（　　）

A. 角化层

B. 中间层

C. 轴心层

D. 间质层

E. 脱落角化层

（3）图中“C”是（　　）

A. 角化层

B. 中间层

C. 轴心层

D. 间质层

E. 脱落角化层

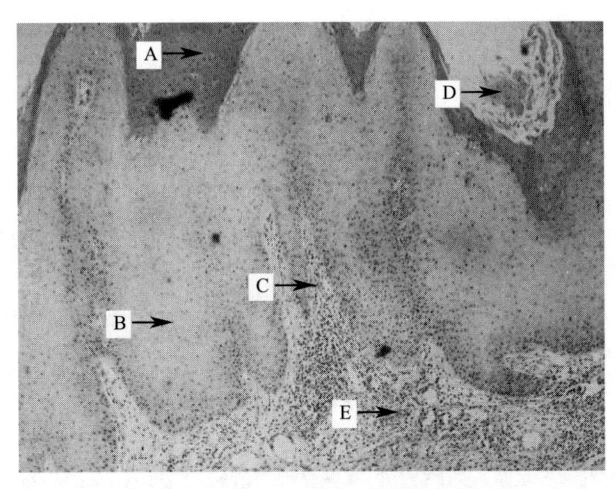

图 5-18

（4）图中“D”是（　　）

A. 角化层

B. 中间层

C. 轴心层

D. 间质层

E. 脱落角化层

（5）图中“E”是（　　）

A. 角化层

B. 中间层

C. 轴心层

D. 间质层

E. 脱落角化层

2. 如图 5-19 所示，皮肤乳头状瘤病变图中有 5 个问题需要作答，具体如下：

(1) 图中“A”是（　　）

A. 鳞状细胞

B. 嗜酸性粒细胞

C. 淋巴细胞

D. 纤维细胞

E. 平滑肌细胞

(2) 图中“B”是（　　）

A. 鳞状细胞

B. 嗜酸性粒细胞

C. 淋巴细胞

D. 纤维细胞

E. 平滑肌细胞

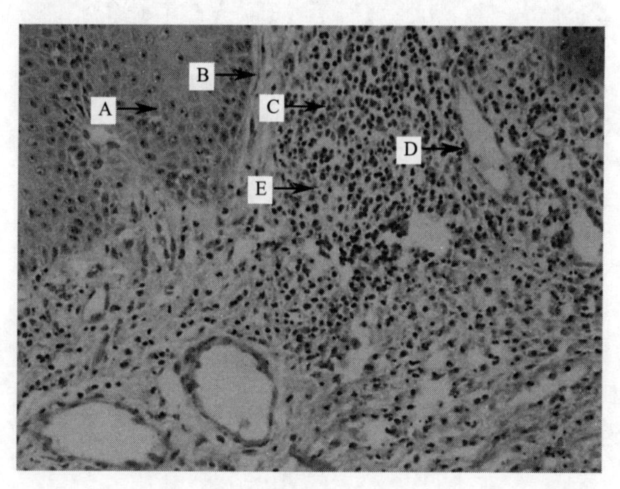

图 5-19

(3) 图中“C”是（　　）

A. 鳞状细胞

B. 嗜酸性粒细胞

C. 淋巴细胞

D. 纤维细胞

E. 平滑肌细胞

(4) 图中“D”是（　　）

A. 鳞状细胞

B. 嗜酸性粒细胞

C. 淋巴细胞

D. 纤维细胞

E. 平滑肌细胞

(5) 图中“E”是（　　）

A. 鳞状细胞

B. 嗜酸性粒细胞

C. 淋巴细胞

D. 纤维细胞

E. 平滑肌细胞

3. 如图 5-20 所示，皮肤鳞状上皮癌病变图中有 5 个问题需要作答，具体如下：

(1) 图中“A”是（　　）

A. 角化癌细胞

B. 纤维细胞

C. 基底细胞

D. 成纤维细胞

E. 角化组织

(2) 图中“B”是（　　）

A. 角化癌细胞

B. 纤维细胞

C. 基底细胞

D. 成纤维细胞

E. 角化组织

(3) 图中“C”是（　　）

A. 角化癌细胞

B. 纤维细胞

C. 基底细胞

D. 成纤维细胞

E. 角化组织

(4) 图中“D”是（　　）

A. 角化癌细胞

B. 纤维细胞

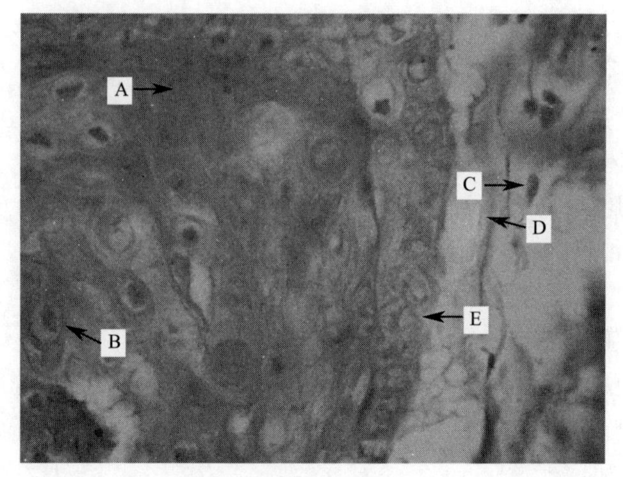

图 5-20

C. 基底细胞

D. 成纤维细胞

E. 角化组织

(5) 图中“E”是（　　）

A. 角化癌细胞

B. 纤维细胞

C. 基底细胞

D. 成纤维细胞

E. 角化组织

4. 如图 5-21 所示，皮肤鳞状上皮癌病变图中有 5 个问题需要作答，具体如下：

(1) 图中“A”是（　　）

A. 癌巢癌珠

B. 癌巢

C. 癌巢基底细胞层

D. 癌巢结缔组织

(2) 图中“B”是（　　）

A. 癌巢癌珠

B. 癌巢

C. 癌巢基底细胞层

D. 癌巢结缔组织

(3) 图中“C”是（　　）

A. 癌巢癌珠

B. 癌巢

C. 癌巢基底细胞层

D. 癌巢结缔组织

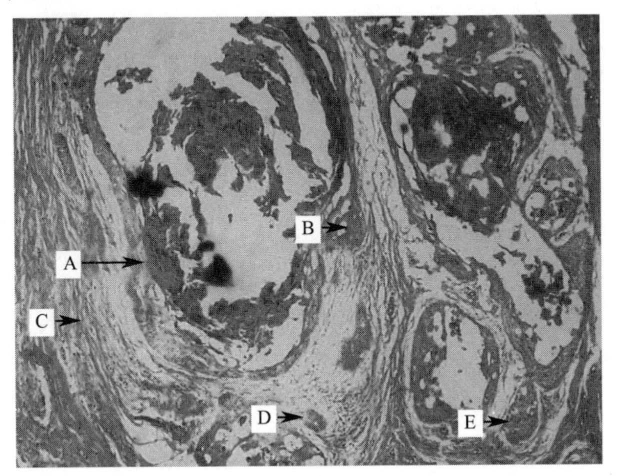

图 5-21

(4) 图中“D”是( )

A. 癌巢癌珠

B. 癌巢

C. 癌巢基底细胞层

D. 癌巢结缔组织

(5) 图中“E”是( )

A. 癌巢癌珠

B. 癌巢

C. 癌巢基底细胞层

D. 癌巢结缔组织

五、点评阶段

(一) 点评内容

将本节课课堂师生交流中碰到的代表性问题以及考核环节中多数学生掌握薄弱的知识点再次重点强调。

(二) 点评方式

通过广播教学方式，将同学们认知、掌握不佳的知识点进行回放。

(郁川、廖成水)

实验六 造血与免疫系统病理

【Overview】

1. Necropsy

1.1 Thymitis (Chicken)

The thymus is swollen, the capsule is tense, and the color is dark red.

1.2 Serous lymphadenitis (Pig)

The hilar lymph nodes of pigs are enlarged in volume and the capsule is tense. The surface and section of lymph nodes are light red or light white in color, covering with a large amount of colorless transparent bright slurry.

1.3 Lymphoid follicle swelling (Pig)

The surface of the serosa of pig small intestine is uneven. Macules-shape protrusions locate in the subserosa, which is a pathological phenomenon of small intestinal lymphoid tissue proliferation due to pathogen invasion.

1.4 Hemorrhagic lymphadenitis (Pig)

1.4.1 Porcine hilar lymph nodes

The volume is extremely swollen, the capsule is tense, and the surface is bright red or dark red.

1.4.2 Pig mandibular lymph nodes

The volume is extremely swollen, the capsule is tense, the surface is bright dark red, and the section is dark red.

1.4.3 Porcine mesenteric lymph node

The volume is extremely swollen, the capsule is tense, and the surface is dark red or black.

1.5 Necrotizing lymphadenitis (Pig)

The volume of pig mesentery is slightly enlarged and the color is brick red or dirty.

1.6 Acute splenitis (Pig)

The spleen is extremely enlarged in volume and the color is dark red. The black miliary nodules distribute on the back of the spleen. A large number of yellow or white fibrin exudates are covered at the head of the spleen.

1.7 Necrotizing splenitis (Pig)

The spleen is enlarged in volume with bright red and dark red on the surface. The gray-white necrotic foci with miliary nodules are seen on the dark red lesions of the back of the spleen.

1.8 Tonsillitis (Chicken)

The tonsils of the ileocecal valve are enlarged in volume and vary from bright red to dark red, covering with light yellow exudates of fibrinous exudates.

1.9 Bursalitis (Chicken)

The bursa is enlarged in volume and the capsule is tense. The surface and section of the bursa are covered with pale yellow jelly-like exudates, which hemorrhage and yellow cheese-like exudates are observed on the surface of the mucosa.

2. Microscopic lesions

2.1 Thymitis (Chicken)

Telangiectasia and congestion are observed under low magnification. High magnification shows that the capillaries are filled with red blood cells, the number of lymphocytes is reduced, and a small number of macrophages are mixed.

2.2 Hemorrhagic lymphadenitis (Pig)

Under low magnification, a large number of red blood cells diffusely distribute in the cortical area of the lymph node and the lymphatic sinus. In addition, a great quantity of red blood cells gathers around the central artery of the germinal center of the lymph node and the surrounding lymphatic sheath arteries.

Under the high magnification microscope, a large number of necrotic and shed lymphocytes in the cortex of the lymph node is observed, which shorten the distance between the central artery and the sheath artery. A large number of red blood cells appeared around the central artery and the sheath artery, including a large number of lymphocytes, a small number of neutrophils, eosinophils, and reticulocytes. In addition, a large number of serous fluid, lymphocytes, plasma cells, macrophages and other cells are observed in the lymphatic sinus, in which the red blood cells are diffusely distributed in the lymphatic sinus.

2.3 Spleen amyloidosis (Pig)

Low magnification shows that the spleen capsule thickens, the trabecular space widens, and a large amount of light red cloud-like material appear in the splenic corpuscle.

High magnification shows that the spleen corpuscle is filled with a large amount of light red cloud-like material, the number of lymphocytes is sparse, the spleen red pulp contains a small amount of amyloid, and many red blood cells are degenerated and phagocytosed by macrophages.

2.4 Acute splenitis (Sheep)

Low magnification shows that a large number of cells shed from the spleen corpuscle and red pulp and the arrangement of splenic trabecular fibroblasts is very disordered.

High magnification shows that massive hemorrhage in the spleen, rupture of trabecular fibroblasts, decrease of splenic corpuscles as well as sparse lymphocytes is observed.

2.5 Bursalitis (Chicken)

Under low magnification, the follicular atrophy of the bursa, a large amount of serous exudation in the follicles, and hyperplasia of connective tissue among lymphoid follicles are observed.

Under high magnification, massive proliferation of fibroblasts in connective tissue, infiltration of lymphocytes and macrophages, and hyperplasia of connective tissue among lymphoid follicles are commonly seen. The structure of lymphoid follicles destroyed, sparse lymphocytes, and dilated and congested capillaries in lymphoid follicles often occur.

2.6 Tonsillitis of ileocecal valve (Chicken)

Under low magnification, a large number of glandular hyperplasia in the tonsils and lymphopenia are observed. High magnification shows that lymphopenia, infiltration of neutrophils, macrophages, and eosinophils, and hyperplasia of trabecular connective tissue commonly happen.

一、示范授课阶段

（一）实验目的

在了解炎症的基础上，掌握胸腺炎、单纯性淋巴结炎、出血性淋巴结炎、坏死性淋巴结炎、脾脏充血和出血、急性脾炎、坏死性脾炎、法氏囊炎、扁桃体炎等病理变化诊断要点。

（二）仪器与耗材

1. 数码显微系统

2. 胸腺炎

福尔马林固定大体标本、病理组织切片。

3. 淋巴结炎

（1）浆液性淋巴结炎（福尔马林固定大体标本、病理组织切片）。

（2）出血性淋巴结炎（福尔马林固定大体标本、病理组织切片）。

（3）坏死性淋巴结炎（福尔马林固定大体标本、病理组织切片）。

4. 脾炎

（1）急性脾炎（福尔马林固定大体标本、病理组织切片）。

（2）坏死性脾炎（福尔马林固定大体标本、病理组织切片）。

5. 法氏囊炎

福尔马林固定大体标本、病理组织切片。

6. 擦镜纸、香柏油

（三）实验内容

1. 剖检病变

（1）胸腺炎　鸡胸腺体积肿大、被膜紧张、色泽暗红。

（2）浆液性淋巴结炎（猪）　猪肺门淋巴结体积肿大、被膜紧张，表、切面色泽淡红或浅白色，覆盖大量无色透明晶亮浆液性渗出物。

（3）淋巴滤泡肿胀（猪）　猪小肠浆膜表面凸凹不平，小肠淋巴组织在致病原的作用下增生，浆膜下出现多量白色或乳黄色斑状隆突。

（4）出血性淋巴结炎（猪）

① 猪肺门淋巴结：体积极度肿大、被膜紧张，色泽鲜红或暗红色。

② 猪下颌淋巴结：体积极度肿大、被膜紧张，表面色泽鲜红或暗红色，切面暗红色。

③ 猪肠系膜淋巴结：体积极度肿大、被膜紧张，表面色泽暗红或黑色。

（5）坏死性淋巴结炎（猪） 猪肠系膜体积稍肿大，色泽砖红或污秽色。

（6）急性脾炎（猪） 脾脏体积极度肿大，色泽暗红，背面有粟粒状结节，脾头处有大量黄色或白色纤维素渗出物。

（7）坏死性脾炎（猪） 脾脏体积肿大，表面色泽鲜红或暗红色，暗红色病变部位可见灰白色坏死灶，背侧有粟粒状结节。

（8）扁桃体炎 鸡回盲瓣扁桃体肿大，色泽鲜红至暗红，表面覆盖淡黄色纤维素性渗出物。

（9）法氏囊炎 鸡法氏囊体积肿大、被膜紧张，表、切面覆盖淡黄色胶冻样渗出物，切面黏膜表面出血、覆盖黄色干酪样渗出物。

2. 显微病变

（1）胸腺炎（鸡）

① 低倍镜：毛细血管扩张充血。

② 高倍镜：毛细血管内充满红细胞，淋巴细胞数量减少，夹杂少量巨噬细胞。

（2）出血性淋巴结炎（猪）

① 低倍镜：淋巴小结皮质区、淋巴窦内大量红细胞弥漫性分布（图 6-1）。淋巴小结生发中心中央动脉、周围淋巴鞘动脉附近间杂大量红细胞（图 6-2）。

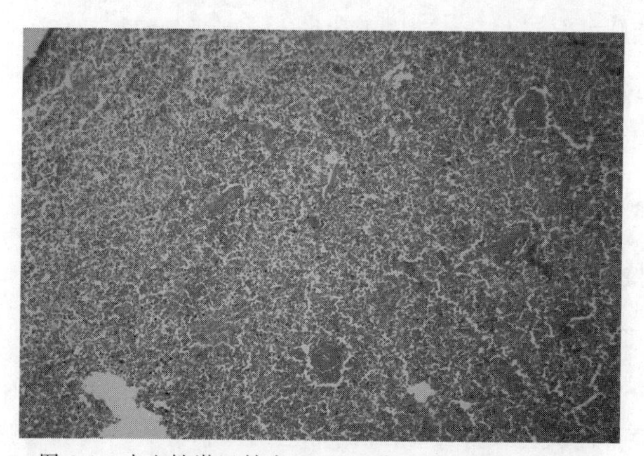

图 6-1 出血性淋巴结炎（一）（猪，HE 染色，40 倍）

② 高倍镜：淋巴结皮质区大量淋巴细胞坏死、脱落，中央动脉与鞘动脉距离缩小（图 6-3），其周围充盈大量血细胞，包括大量红细胞、淋巴细胞，少量中性粒细胞、嗜酸性粒细胞、网状细胞（图 6-4）。淋巴窦内弥漫性分布大量的浆液、红细胞、淋巴细胞、浆细胞、巨噬细胞等（图 6-5、图 6-6）。

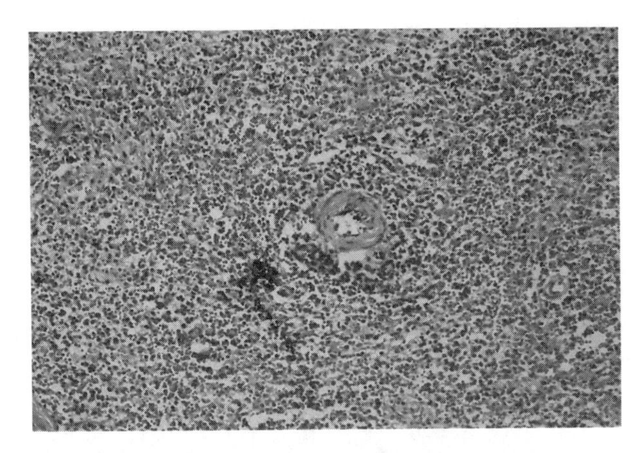

图 6-2　出血性淋巴结炎（二）（猪，HE 染色，100 倍）

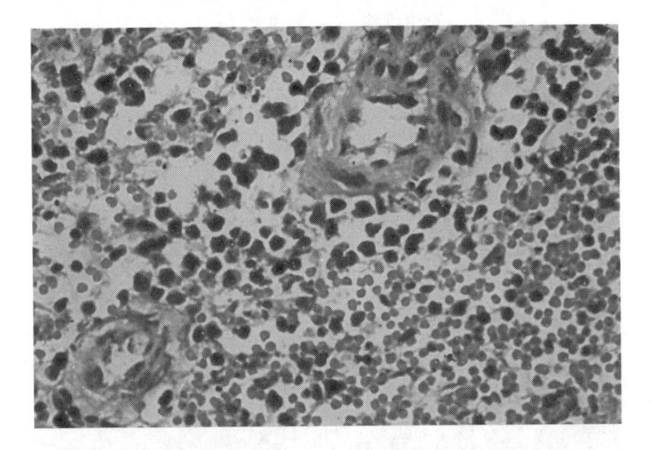

图 6-3　出血性淋巴结炎（三）（猪，HE 染色，400 倍）

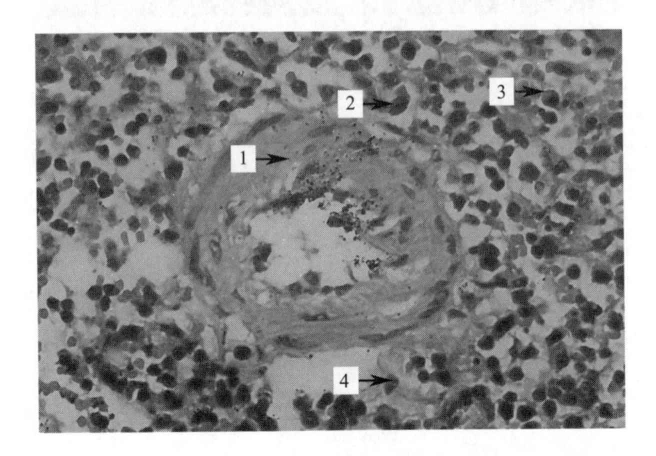

图 6-4　出血性淋巴结炎（四）（猪，HE 染色，400 倍）

1—淋巴鞘动脉壁；2—网状细胞；3—嗜酸性粒细胞；4—中性粒细胞

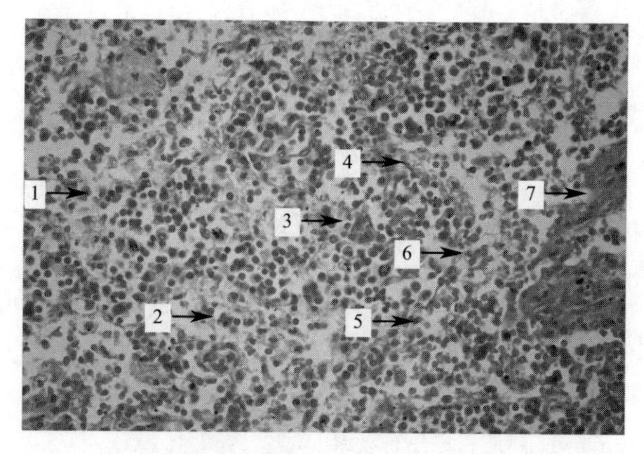

图 6-5 出血性淋巴结炎（五）（猪，HE 染色，400 倍）

1—浆细胞；2—淋巴细胞；3—毛细血管；4—淋巴窦壁层；5—红细胞；6—巨噬细胞；7—小梁

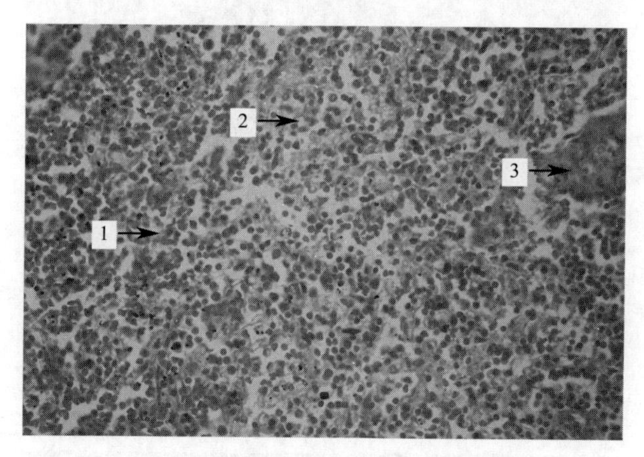

图 6-6 出血性淋巴结炎（六）（猪，HE 染色，400 倍）

1—出血；2—淋巴窦；3—髓索

（3）脾脏淀粉样变（猪）

① 低倍镜：脾脏被膜增厚，小梁间隙增宽，脾小体中分布大量淡红色云朵状物质。

② 高倍镜：脾小体内充满大量淡红色云朵状物质，淋巴细胞数量稀疏，脾红髓有少量淀粉样物质，多量红细胞变性，吞噬红细胞的巨噬细胞。

（4）急性脾炎（绵羊）

① 低倍镜：脾小体、红髓内大量淋巴细胞大量坏死、脱落，脾小梁纤维细胞排列紊乱。

② 高倍镜：脾脏内大量出血，脾小梁纤维细胞断裂，脾小体数量锐减，淋巴细胞数量稀疏。

（5）法氏囊炎（鸡）

① 低倍镜：法氏囊滤泡萎缩，滤泡中大量浆液渗出，淋巴滤泡间结缔组织广泛增生。

② 高倍镜：结缔组织内成纤维细胞大量增生，淋巴细胞、巨噬细胞浸润，淋巴滤泡间结缔组织增生；淋巴滤泡结构被破坏，淋巴细胞稀疏，淋巴滤泡中毛细血管扩张充血。

（6）回盲瓣扁桃体炎（鸡）

① 低倍镜：扁桃体中大量腺体增生，淋巴细胞数量减少。

② 高倍镜：淋巴细胞数量减少，中性粒细胞、巨噬细胞、嗜酸性粒细胞浸润，小梁结缔组织大量增生。

（四）课后作业

画出出血性淋巴结炎的低倍、高倍病理图，标出主要结构并用病理学术语描述。

二、病理组织切片观察阶段

（一）观察内容

急性脾炎、坏死性脾炎、单纯性淋巴炎、出血性淋巴结炎、法氏囊炎组织切片。

（二）观察要求

1. 数码显微系统操作

要求每位学生认真、细致，认真操作数码显微系统，独立完成三种病理组织切片的观察。

2. 显微病理问题处理

要求每位同学准备 1 个笔记本，将观察病理组织切片过程中碰到的问题记录下来（至少 5 个问题）。

三、网络化分析问题阶段

（一）分组

座位相近或相邻的 4～6 名同学为一组。

（二）要求

要求小组的每位同学做好“三问”——问自己、问同学、问教师。首先，结合动物病理学理论教材、实验课教材，甚至互联网上的相关知识独自进行问题解答，与同学们进行分享解析过程；然后，碰到自己解答不了的问题，小组成员进行分析、讨论，协同集体智慧解析问题；最后，小组集体解决不了的问题，推送至雨课堂教学系统，师生一起进行网络化分析、讨论、交流，碰到具有代表性的问题，由教师通过数码系统的广播教学进行全班同学分享。

（三）问题汇总

（1）图 6-7 中灰色圈内是脾小体吗？

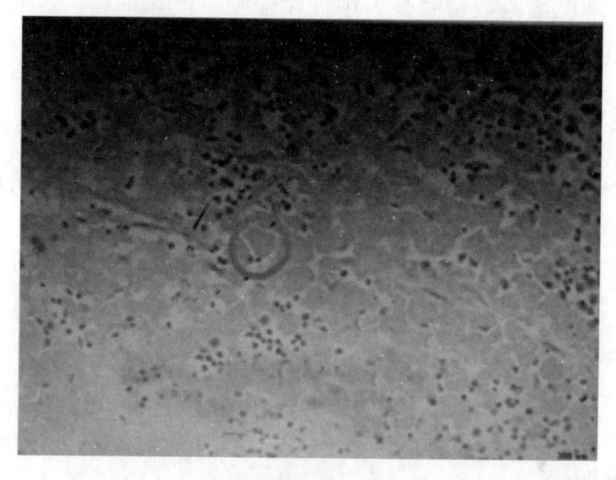

图 6-7

（2）图 6-8 中炎性细胞为什么集中分布？

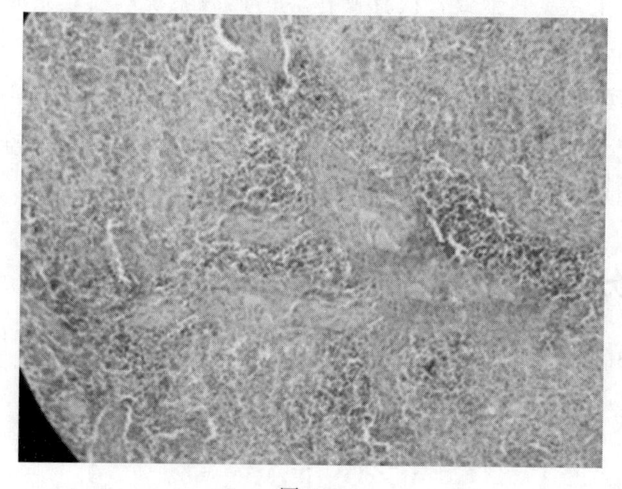

图 6-8

(3) 图 6-9 中灰色圈内是什么结构?

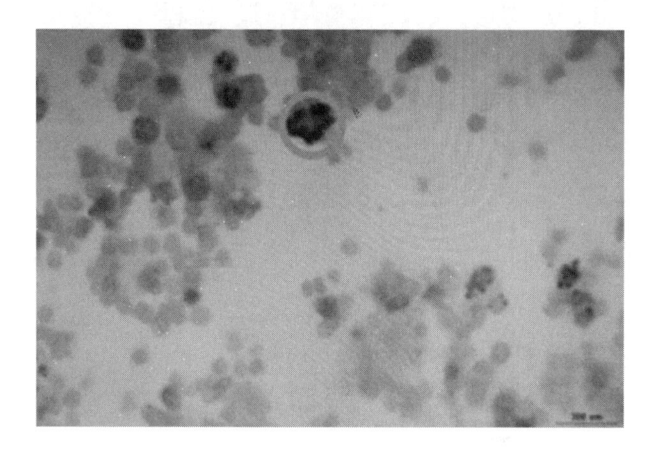

图 6-9

(4) 图 6-10 中黑色点是淋巴细胞吗?

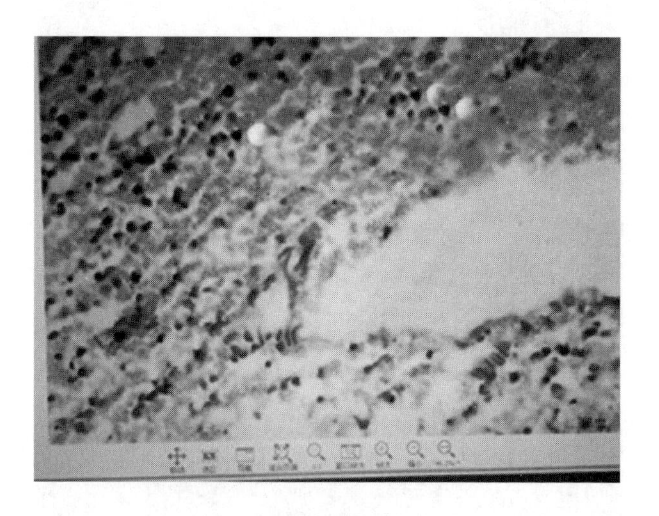

图 6-10

(5) 图 6-11 中的斑块状物质是什么?

(6) 急性脾炎、慢性脾炎发生时分别都是以哪类白细胞浸润为主?

(7) 如何区分吞噬了红细胞的巨噬细胞? 图 6-12 中有吗?

(8) 在图 6-13 中央的空腔是血管吗?

(9) 在图 6-14 中黑色圈内是生发中心的中央静脉吗?

(10) 在出血性淋巴结炎中如何区分淋巴细胞和网状细胞?

(11) 充血性脾肿大常见的原因有哪些?

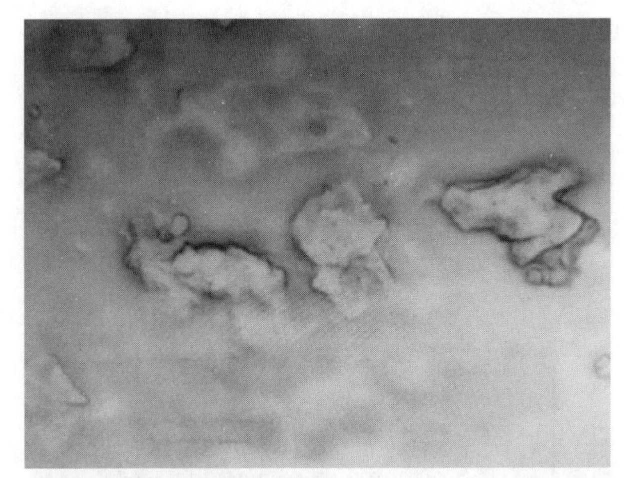

图 6-11

图 6-12

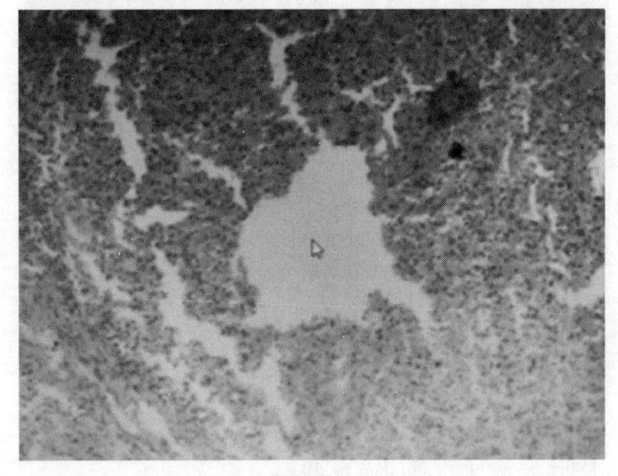

图 6-13

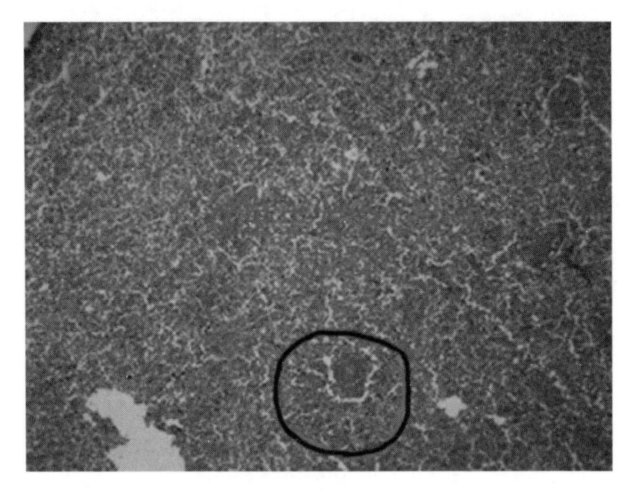

图 6-14

（12）图 6-15 中箭头标示的是什么细胞？

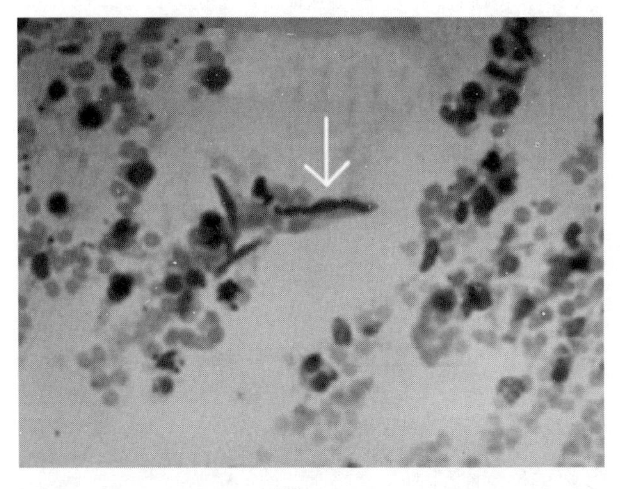

图 6-15

（13）图 6-16 中很多黑色区域是什么？

（14）图 6-17 中浅灰色的细胞变成了灰色，是不是已经坏死了？

（15）图 6-18 中深灰色圈内是什么结构？

（16）在图 6-19 脾淀粉样变组织切片中，深灰色圈内弥漫的黑色淀粉样物质是什么？它的形成机制是什么？

（17）在图 6-20 中这些黑色的是干枯的血液吗？

（18）在脾淀粉样变组织切片中观察到炎性细胞，它也属于炎症的标志吗？

（19）脾淀粉样变中的云朵样物质中有细胞存在吗？

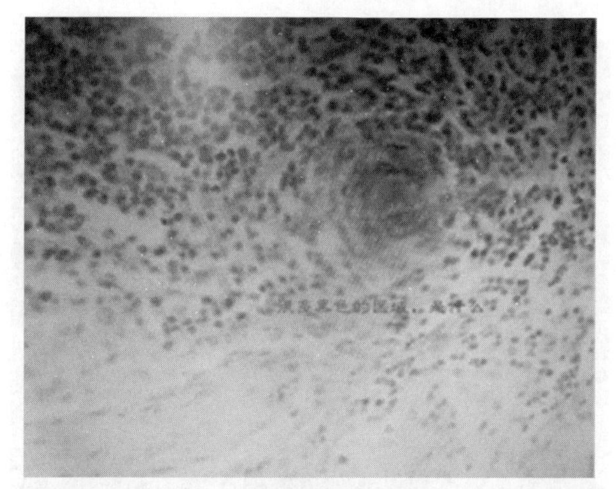

图 6-16

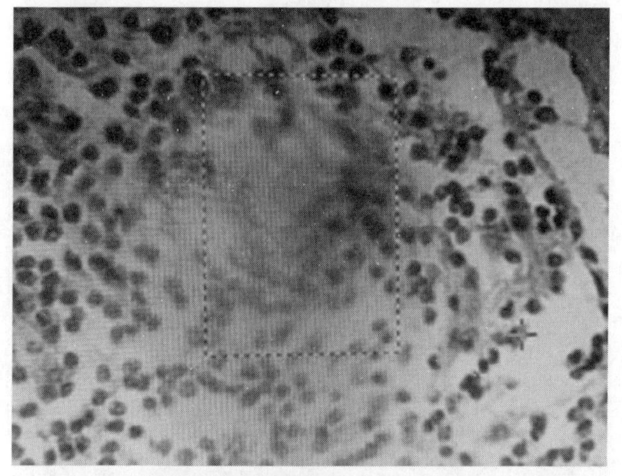

图 6-17

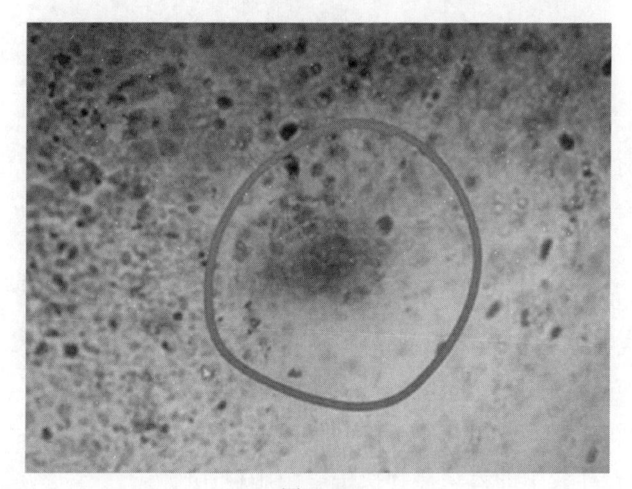

图 6-18

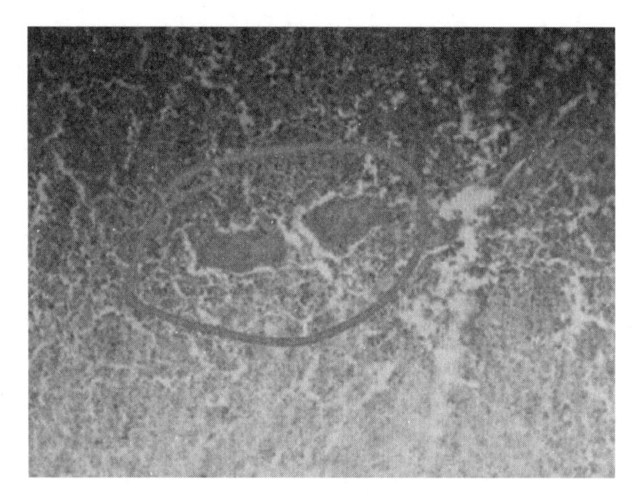

图 6-19

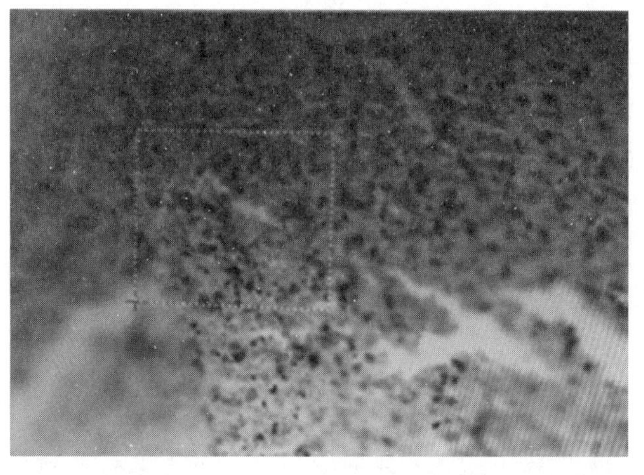

图 6-20

四、考核阶段

（一）考核内容

从急性脾炎、坏死性脾炎、单纯性淋巴结炎、出血性淋巴结炎的显微病理变化图中，选取具有代表性的病理图片作为情景问题考卷。

（二）考核方式

每次实验课准备 4～6 套情景问题考卷，通过雨课堂教学系统下发，每个情景问题考卷包含了 4～6 个小问题，由学生进行病理图分析与观察，进行答题。

（三）考核评分

每个情景问题考卷 100 分，每个小问题为 10～20 分，根据学生回答问题的情况，由雨课堂教学系统自动评分。

（四）情景问题

1. 如图 6-21 所示，急性脾炎病变图中有 5 个问题需要作答，具体如下：

（1）图中“A”是（　　）

A. 中性粒细胞

B. 巨噬细胞

C. 淋巴细胞

D. 红细胞

E. 多核巨细胞

（2）图中“B”是（　　）

A. 中性粒细胞

B. 巨噬细胞

C. 淋巴细胞

D. 红细胞

E. 多核巨细胞

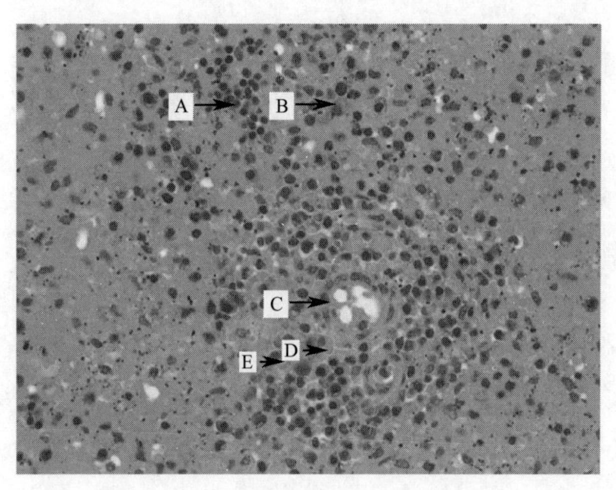

图 6-21

（3）图中“C”是（　　）

A. 脾小体主动脉

B. 脾小体小静脉

C. 脾小体鞘动脉

D. 脾小梁小动脉

E. 脾小梁小静脉

(4) 图中“D”是（　　）

A. 中性粒细胞

B. 巨噬细胞

C. 淋巴细胞

D. 红细胞

E. 多核巨细胞

(5) 图中“E”是（　　）

A. 中性粒细胞

B. 巨噬细胞

C. 淋巴细胞

D. 红细胞

E. 多核巨细胞

2. 如图 6-22 所示，纵隔淋巴结病变图中有 5 个问题需要作答，具体如下：

(1) 图中“A”是（　　）

A. 中性粒细胞

B. 巨噬细胞

C. 淋巴细胞

D. 网状细胞

E. 多核巨细胞

(2) 图中“B”是（　　）

A. 中性粒细胞

B. 巨噬细胞

C. 淋巴细胞

D. 网状细胞

E. 多核巨细胞

(3) 图中“C”是（　　）

A. 细胞萎缩

B. 细胞变性

C. 细胞坏死

D. 细胞增生

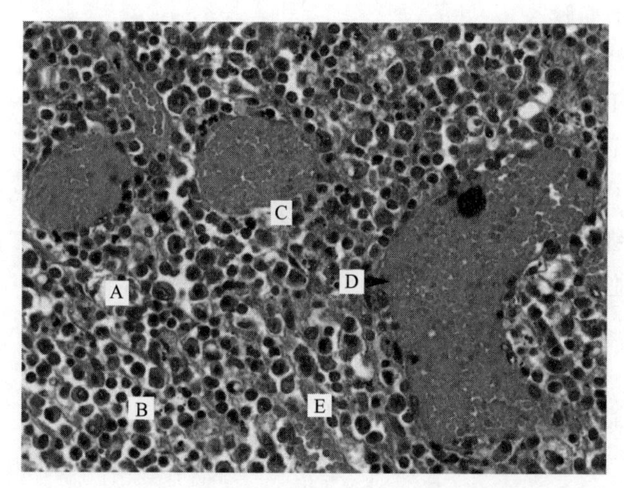

图 6-22

E. 细胞肥大

(4) 图中“D”是（　　）

A. 血栓

B. 瘀血

C. 出血

D. 红色梗死

E. 白色梗死

(5) 图中“E”是（　　）

A. 中性粒细胞

B. 巨噬细胞

C. 淋巴细胞

D. 网状细胞

E. 多核巨细胞

3. 如图 6-23 所示，出血性淋巴结炎病变图中有 5 个问题需要作答，具体如下：

(1) 图中“A”是（　　）

A. 中性粒细胞

B. 巨噬细胞

C. 淋巴细胞

D. 网状细胞

E. 红细胞

(2) 图中“B”是（　　）

A. 中性粒细胞

B. 巨噬细胞
C. 淋巴细胞
D. 网状细胞
E. 红细胞
(3) 图中“C”是（　　）
A. 淋巴窦
B. 淋巴小结主动脉
C. 淋巴小结鞘动脉
D. 淋巴小结主静脉
E. 淋巴小结鞘静脉

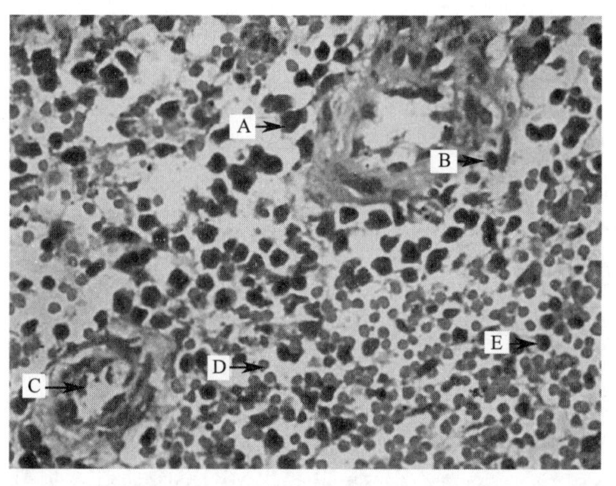

图 6-23

(4) 图中“D”是（　　）
A. 中性粒细胞
B. 巨噬细胞
C. 淋巴细胞
D. 网状细胞
E. 红细胞
(5) 图中“E”是（　　）
A. 中性粒细胞
B. 巨噬细胞
C. 淋巴细胞
D. 网状细胞
E. 红细胞

4. 如图 6-24 所示，脾脏淀粉变性病变图中有 5 个问题需要作答，具体如下：

(1) 图中“A”是（　　）

A. 中性粒细胞

B. 淀粉样物质

C. 淋巴细胞

D. 网状细胞

E. 红细胞

(2) 图中“B”是（　　）

A. 中性粒细胞

B. 淀粉样物质

C. 淋巴细胞

D. 网状细胞

E. 红细胞

(3) 图中“C”是（　　）

A. 中性粒细胞

B. 淀粉样物质

C. 淋巴细胞

D. 网状细胞

E. 红细胞

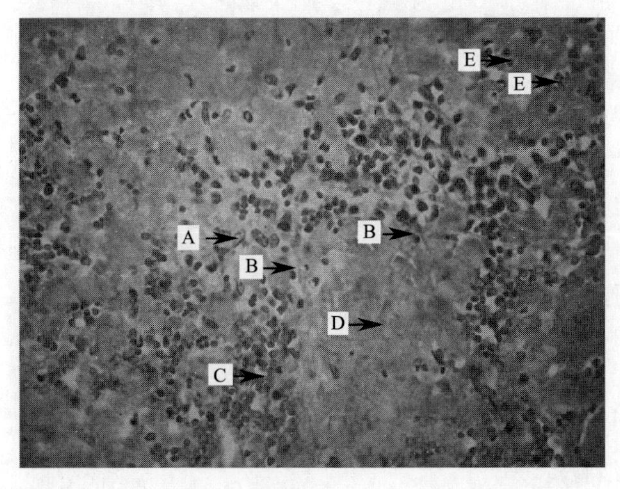

图 6-24

(4) 图中“D”是（　　）

A. 中性粒细胞

B. 淀粉样物质

C. 淋巴细胞

D. 网状细胞

E. 红细胞

(5) 图中“E”是（　　）

A. 中性粒细胞

B. 淀粉样物质

C. 淋巴细胞

D. 网状细胞

E. 红细胞

5. 如图 6-25 所示，鸡法氏囊炎病变图中有 5 个问题需要作答，具体如下：

(1) 图中“A”是（　　）

A. 嗜酸性粒细胞

B. 巨噬细胞

C. 淋巴细胞

D. 纤维细胞

E. 上皮细胞

(2) 图中“B”是（　　）

A. 嗜酸性粒细胞

B. 巨噬细胞

C. 淋巴细胞

D. 纤维细胞

E. 上皮细胞

(3) 图中“C”是（　　）

A. 嗜酸性粒细胞

B. 巨噬细胞

C. 淋巴细胞

D. 纤维细胞

E. 上皮细胞

(4) 图中“D”是（　　）

A. 嗜酸性粒细胞

B. 巨噬细胞

C. 淋巴细胞

D. 纤维细胞

E. 上皮细胞

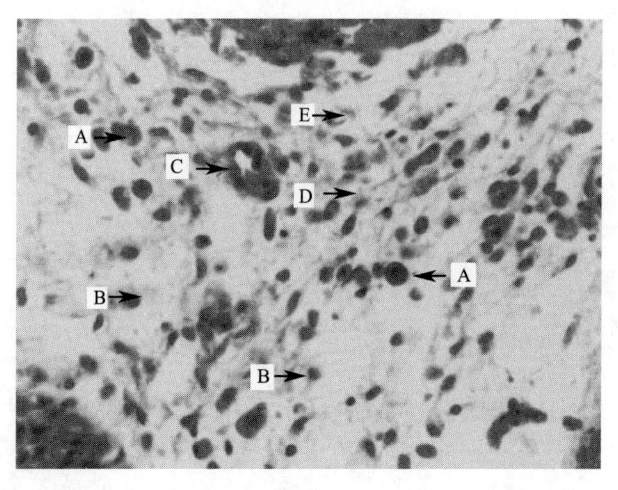

图 6-25

(5) 图中“E”是( )

A. 嗜酸性粒细胞

B. 巨噬细胞

C. 淋巴细胞

D. 纤维细胞

E. 上皮细胞

五、点评阶段

(一)点评内容

将本节课课堂师生交流中碰到的代表性问题以及考核环节中多数学生掌握薄弱的知识点再次重点强调。

(二)点评方式

通过广播教学方式,将同学们认知、掌握不佳的知识点进行回放。

(廖成水)

实验七 呼吸系统病理

【Overview】

1. Necropsy

1.1 Pulmonary hemorrhage (Pig)

The volume of the lung increases, the capsule is tense, the edge is blunt and round, the bleeding site is bright red, and the interstitial lung of lobuli pulmonum widens.

1.2 Lung congestion (Pig)

The volume of the lungs increases, the capsule is tense, the edges are blunt and round, and the color of the congested part is dark red.

1.3 Pulmonary edema (Pig)

The volume of the lung is extremely enlarged, the capsule is tense, the edge is blunt and round, the color of the edema part becomes pale, and the interlobular interstitium of the lung is extremely widened and filled with yellowish edema fluid.

1.4 Bronchopneumonia (Pig)

The volume of the lung is slightly enlarged, and the central area of the lesion is gray-white, dark red, and yellow, in which the surrounding area is pale-white emphysema.

1.5 Lobar pneumonia (Pig)

The lungs are enlarged in volume with reddish brown and dark red marble-like lesions and a large amount of pale yellow fibrin exuded from the interstitial lungs.

1.6 Infectious pleuropneumonia (Pig)

The volume of the lungs is slightly enlarged with a yellowish-red surface covered with a large number of fibers, causing the lungs to adhere to the chest wall.

2. Microscopic lesions

2.1 Bronchial pneumonia

Under low magnification, the alveolars on the left side of the pulmonary lobular septum are enlarged in volume with many alveolar sac structures, enlarged bronchiolar lumen, vasodilation and congestion, typical compensatory emphysema lesions. The boundaries of alveolar on the right side of the pulmonary lobular septum are foggy and the alveolar spaces are filled with inflammatory exudates. The mucosal structure of the bronchioles is destroyed, the mucosal epithelial cells are shed and necrotic, the lumen is filled with inflammatory exudates, and the alveolar spaces around the bronchioles are filled with inflammatory exudates.

Under high magnification, the wall of the bronchioles is covered with a layer of columnar epithelial cells, and the columnar epithelial cells on the lower right side are shedding, the submucosal capillaries are dilated and congested, and the exudates in the bronchiolar lumen contains a large number of neutrophils and a small amount of macrophages cells, eosinophils, red blood cells, and exfoliated mucosal epithelial cells. The alveolar wall capillaries are extremely dilated and congested and the alveolar wall is thickened. A large number of neutrophils, a small amount of eosinophils, red blood cells, and fibrin locate in the alveolar cavity.

2.2 Lobar pneumonia

Under low magnification, the alveolar spaces in the lesion area are filled with a lot of inflammatory exudates, including serous, cellulose, and serous-cellulose exudates. The left alveolar spaces in the figure are filled with serous exudates and a small amount of fibrinous exudates. A large amount of red blood cell exudation and severe bleeding are observed in the central part of the lesion. The right bronchioles are filled with inflammatory exudates, and the arterioles are congested.

Under high magnification, at the stage of hyperemia and edema, the alveolar wall telangiectasia and the obviously thickened alveolar wall are observed. The alveolar cavities are filled with a large amount of pale pink serous fluid and multiple air bubbles through the airflow impacted the serous fluid. The exuding serous fluid is mixed with a small amount of alveolar macrophages, neutrophil cells and red blood cells. At the stage of red hepatization, the capillaries in the alveolar wall continuously dilate and congest, in which a large number of red blood cells are accumulated in the blood vessels. The alveolar walls are abnormally thickened. A large amount of cellulose or a small amount of light pink serous-cellulose mixture fills with the alveolar cavities. Air bubbles are generated through the airflow impacted the serous fluid. The exudates consist of many neutrophils, few macrophages, heart failure cells, red blood cells. The fibrinogens exuded at the gray hepatization liver degeneration stage are converted into solid cellulose under the action of fibrinferment, which has a continuous oppressing effect on the capillaries of the alveolar wall, resulting in the reduction of blood flow due to stenosis or atresia of the capillary lumen. A large amount of cellulose, neutrophils, and a small amount of macrophages are observed. At the stage of resolution, the capillaries of the alveolar wall are restored to patency, bringing in various nutrients. A large number of macrophages appear in the alveolar cavity to phagocytose and remove excess cellulose. Exudation is beneficial to the recovery of alveolar function. In the process of inflammation, the bronchiolar mucosa falls off, and a large amount of inflammatory exudates appear in the lumen.

一、示范授课阶段

（一）实验目的

掌握呼吸系统血循障碍、纤维素性肺炎、支气管肺炎、间质性肺炎、肺气肿等病理学诊断要点。

（二）仪器与耗材

1. 数码显微系统

2. 肺充血

（1）肺出血（福尔马林固定大体标本）。

（2）肺瘀血（福尔马林固定大体标本）。

3. 肺水肿

福尔马林固定大体标本、病理组织切片。

4. 肺炎

（1）支气管肺炎（福尔马林固定大体标本、病理组织切片）。

（2）大叶性肺炎（福尔马林固定大体标本、病理组织切片）。

5. 擦镜纸、香柏油、显微镜物镜清洗液

（三）实验内容

1. 剖检病变

（1）肺出血（猪） 肺脏体积增大，被膜紧张，边缘钝圆，出血部位色泽鲜红，针尖状、斑状或条状出血，肺小叶间质增宽。

（2）肺瘀血（猪） 肺脏体积增大，被膜紧张，边缘钝圆，瘀血部位色泽暗红。

（3）肺水肿（猪） 肺脏体积极度增大，被膜紧张，边缘钝圆，水肿部位色泽变淡，肺小叶间隙显著增宽，充盈淡黄色浆液性渗出物。

（4）支气管肺炎（猪） 肺脏体积稍肿大，病变区中央部位色泽灰白、暗红或黄色，周围部位是苍白色的代偿性肺气肿区。

（5）大叶性肺炎（猪） 肺脏体积肿大，色泽红褐或暗红色，大理石样病变，肺脏小叶间隙充盈大量淡黄色纤维素渗出物。

（6）传染性胸膜肺炎（猪） 肺脏体积稍肿大，表面色泽淡黄红色，覆盖大量纤维性渗出物，肺脏与胸膜粘连。

2. 显微病变

（1）支气管性肺炎

① 低倍镜：肺小叶中隔左侧肺泡体积肿大，肺泡囊结构较多，细支气管管腔增大，血管扩张充血，为典型代偿性肺气肿病变；肺小叶中隔右侧肺泡模糊不清，肺泡腔内有数量不等的炎性渗出物。细支气管黏膜结构破损，黏膜上皮细胞脱落、坏死，管腔内充满较多炎性渗出物（图 7-1）。

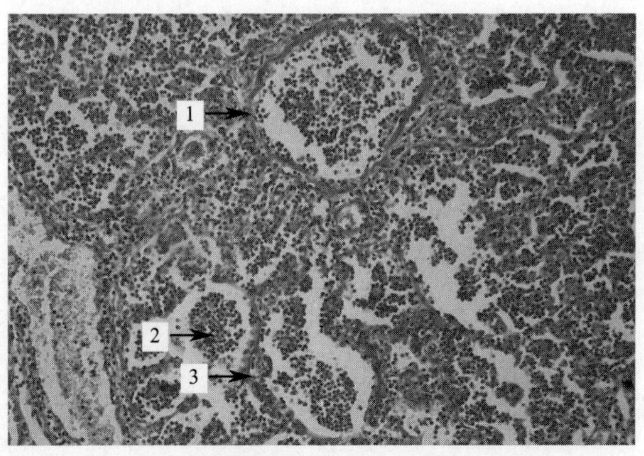

图 7-1 支气管性肺炎（一）（HE 染色，100 倍）

1—病变细支气管；2—炎性渗出物；3—肺泡壁

② 高倍镜：细支气管管壁柱状上皮细胞崩解、脱落，黏膜下层毛细血管扩张充血，间质水肿，细支气管管腔内炎性渗出物含有大量中性粒细胞，少量巨噬细

胞、嗜酸性粒细胞，红细胞以及脱落的黏膜上皮细胞（图 7-2)。肺泡壁毛细血管极度扩张充血，肺泡壁显著增厚，肺泡内渗出大量中性粒细胞，少量嗜酸性粒细胞、红细胞、纤维素、浆液等（图 7-3)。

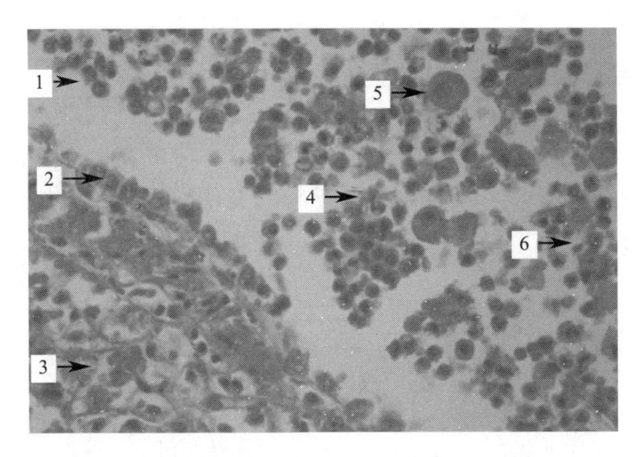

图 7-2 支气管性肺炎（二）(HE 染色，1000 倍)

1—嗜酸性粒细胞；2—细支气管黏膜柱状上皮细胞；
3—毛细血管；4—中性粒细胞；5—巨噬细胞；6—红细胞

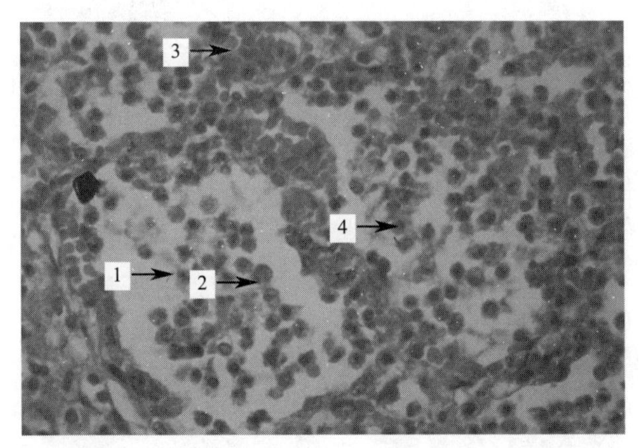

图 7-3 支气管性肺炎（三）(HE 染色，1000 倍)

1—中性粒细胞；2—嗜酸性粒细胞；3—肺泡壁毛细血管；4—渗出纤维素

(2) 大叶性肺炎

① 低倍镜：肺泡腔内充满浆液、纤维素，浆液-纤维素性炎性渗出物；中央部位大量红细胞渗出、严重出血，细支气管中充满炎性渗出物，小动脉充血。

② 高倍镜：充血水肿期肺泡壁毛细血管扩张、肺泡壁明显增厚，肺泡腔中充满大量淡红色浆液及因气流冲击而形成的数量不等的气泡，渗出浆液中含有少量

肺泡巨噬细胞、中性粒细胞以及红细胞（图 7-4）。红色肝变期肺泡壁毛细血管持续扩张充血、血管内蓄积大量红细胞，肺泡壁异常增厚，肺泡中渗出大量纤维素或纤维素-浆液性混合渗出物，气流冲击浆液产生数量不等的气泡，渗出物由大量中性粒细胞，少量巨噬细胞、心力衰竭细胞、红细胞组成（图 7-5）。灰色肝变期渗出的纤维素蛋白原在纤维蛋白酶的作用下转变为固态的纤维素，对肺泡壁毛细血管具有持续压迫作用，导致毛细血管狭窄或闭锁，血流减少，肺泡腔内渗出大量纤维素，少量中性粒细胞、巨噬细胞（图 7-6）。溶解消散期肺泡壁毛细血管重新恢复通畅，带来各种营养物质，肺泡内渗出大量巨噬细胞，吞噬、清除肺泡内的纤维素，在机体与致炎因素持续作用下，浆液、红细胞再次渗出，有利于肺泡机能的恢复（图 7-7）。

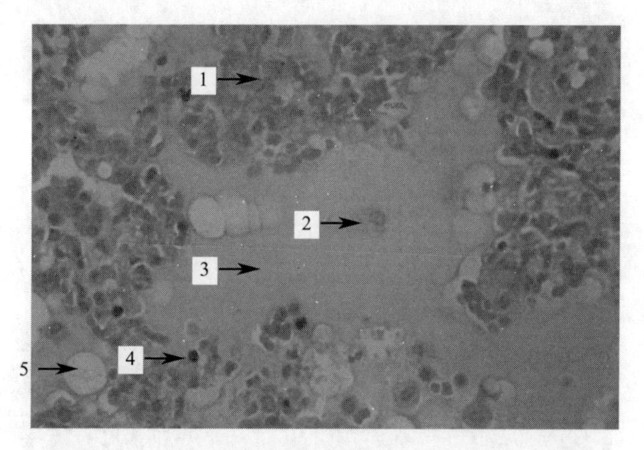

图 7-4　大叶性肺炎——充血水肿期（HE 染色，400 倍）

1—肺泡壁毛细血管充血；2—巨噬细胞；3—渗出浆液；4—心力衰竭细胞；5—气泡

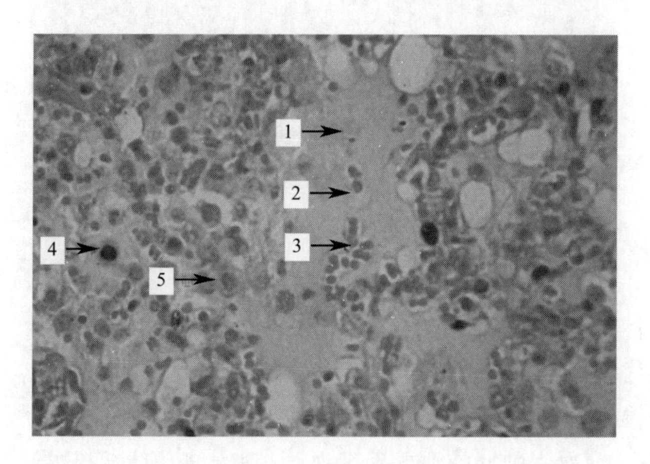

图 7-5　大叶性肺炎——红色肝变期（HE 染色，400 倍）

1—渗出纤维素；2—渗出中性粒细胞；3—出血；4—心力衰竭细胞；5—巨噬细胞

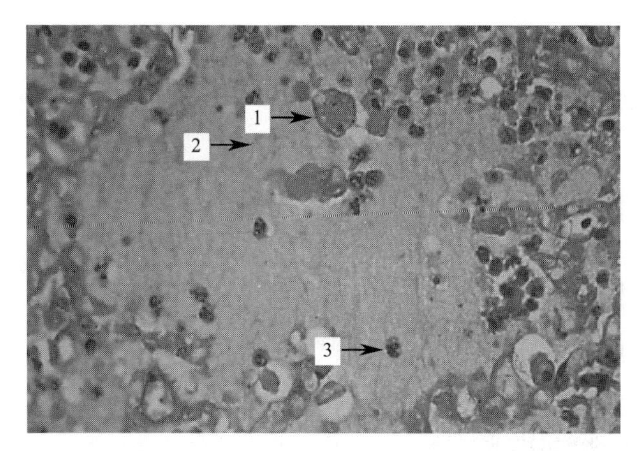

图 7-6　大叶性肺炎——灰色肝变期（HE 染色，400 倍）

1—坏死巨噬细胞；2—渗出纤维素；3—渗出中性粒细胞

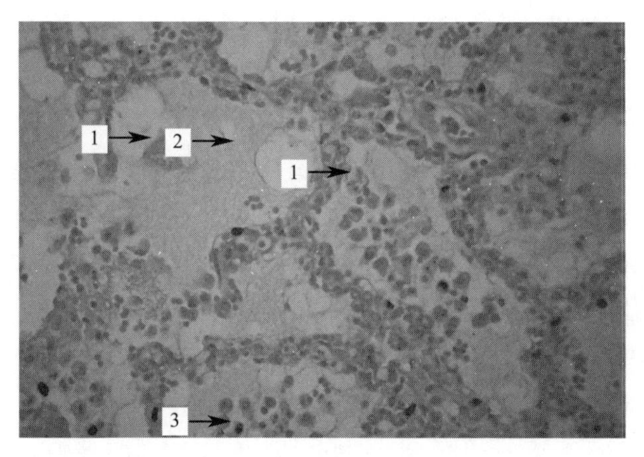

图 7-7　大叶性肺炎——溶解消散期（HE 染色，400 倍）

1—坏死巨噬细胞；2—渗出纤维素；3—心力衰竭细胞

（四）课后作业

画出支气管肺炎或大叶性肺炎的低倍镜、高倍镜病理图，标出主要结构并用病理学术语描述。

二、病理组织切片观察阶段

（一）观察内容

支气管性肺炎、大叶性肺炎。

（二）观察要求

1. 数码显微系统操作

要求每位学生认真、细致，认真操作数码显微系统，独立完成病理组织切片的观察。

2. 显微病理问题处理

要求每位同学准备1个笔记本，将观察病理组织切片过程中碰到的问题记录下来（至少5个问题）。

三、网络化分析问题阶段

（一）分组

座位相近或相邻的4～6名同学为一组。

（二）要求

要求小组的每位同学做好“三问”——问自己、问同学、问教师。首先，结合动物病理学理论教材、实验课教材，甚至互联网上的相关知识独自进行问题解答，与同学们进行分享解析过程；然后，碰到自己解答不了的问题，小组成员进行分析、讨论，协同集体智慧解析问题；最后，小组集体解决不了的问题，推送至雨课堂教学系统，师生一起进行网络化分析、讨论、交流，碰到具有代表性的问题，由教师通过数码系统的广播教学进行全班同学分享。

（三）问题汇总

（1）图7-8中灰色圈内是肺脏纵隔吗？

（2）图7-9中有的肺泡壁变薄，有的变厚，为什么？

（3）图7-10中标示的细胞是什么炎性细胞？

（4）图7-11中肺泡腔内有大量粉红色浆液性渗出物和少量红细胞，为什么肺泡壁毛细血管没有充血？

（5）图7-12中纤维素肺炎病变，却看不出明显的纤维素结构，为什么？

（6）图7-13中灰色圈内是什么结构？

（7）图7-14中空腔内都是流动的空气吗？

（8）图7-15中灰色团块是细胞吗？

（9）图7-16中灰色圈内的隔层除了隔离两侧组织，还有哪些作用？

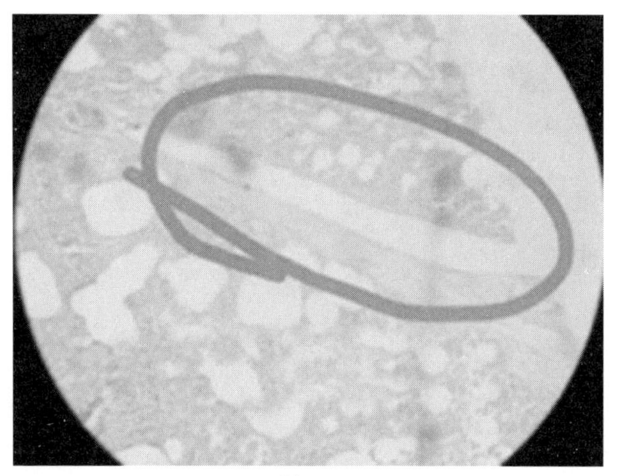

图 7-8

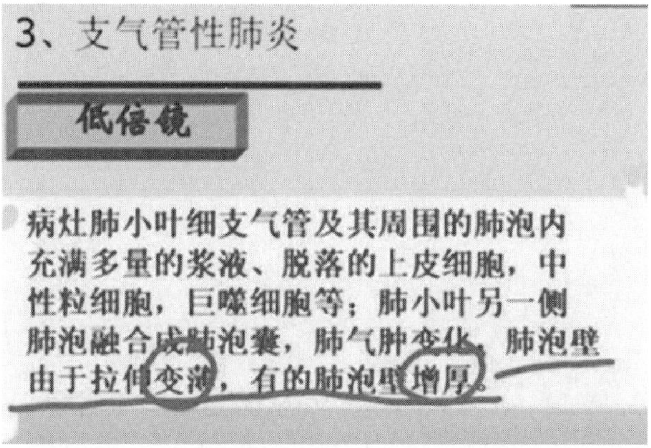

3、支气管性肺炎

低倍镜

病灶肺小叶细支气管及其周围的肺泡内充满多量的浆液、脱落的上皮细胞，中性粒细胞，巨噬细胞等；肺小叶另一侧肺泡融合成肺泡囊，肺气肿变化，肺泡壁由于拉伸变薄，有的肺泡壁增厚。

图 7-9

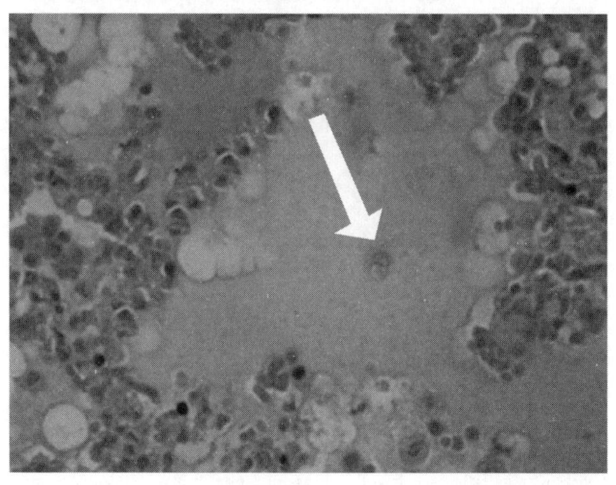

图 7-10

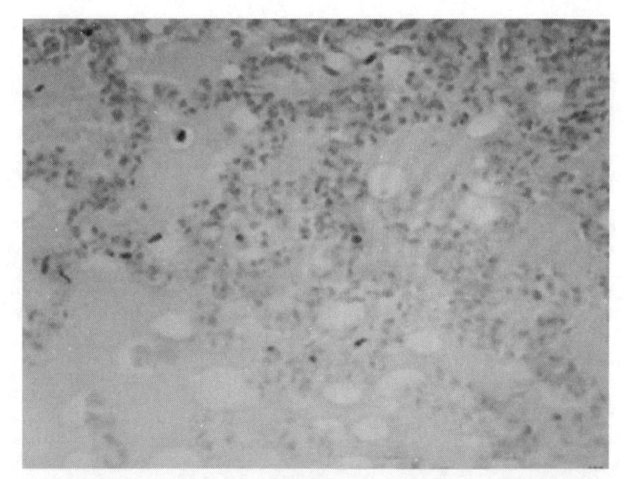

图 7-11

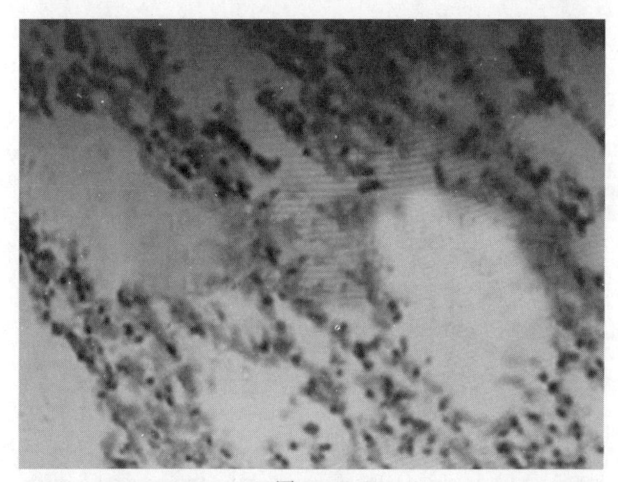

图 7-12

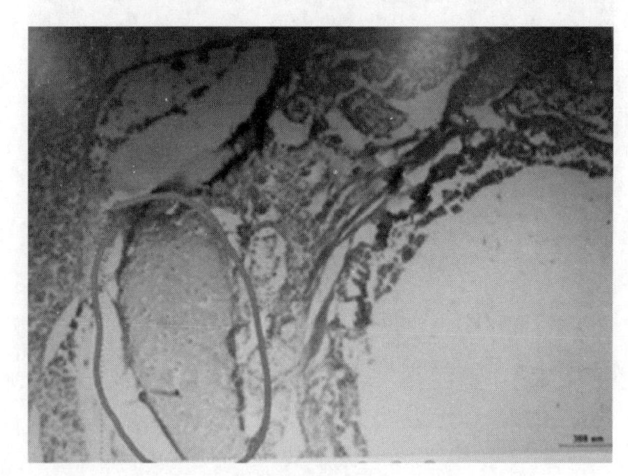

图 7-13

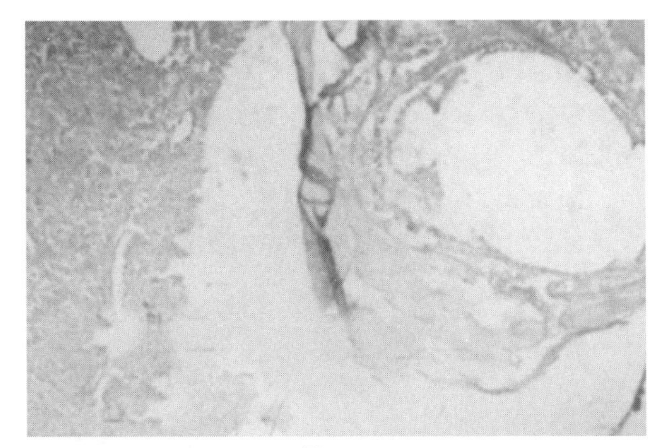
图 7-14

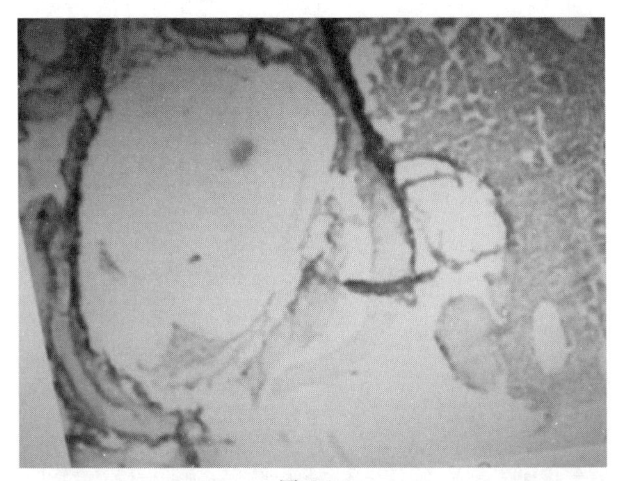
图 7-15

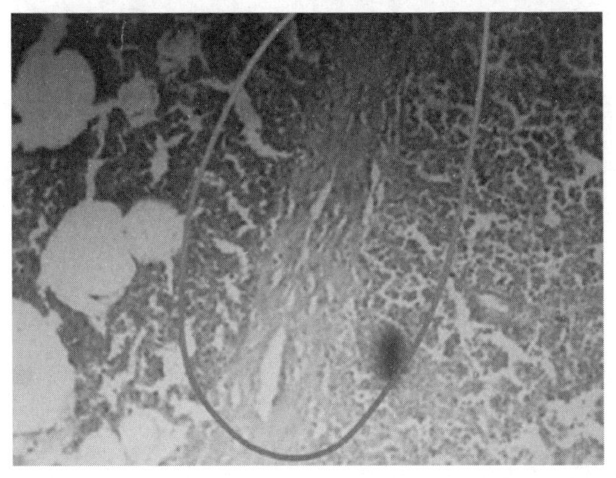
图 7-16

（10）图 7-17 中箭头标示的结构是什么？

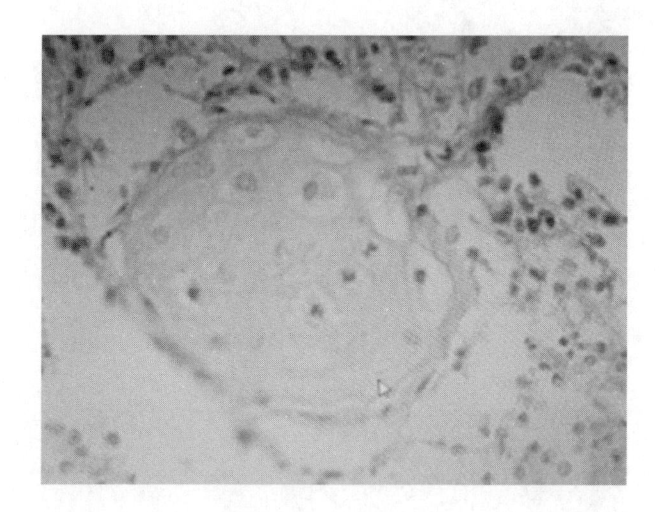

图 7-17

（11）图 7-18 中纤维素渗出液在哪里？

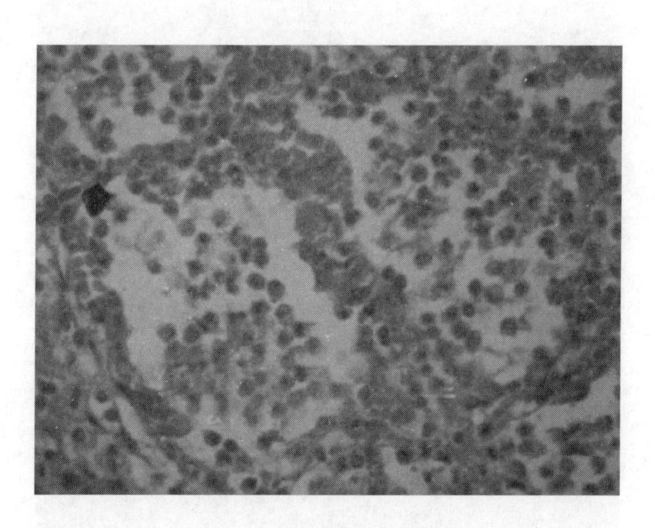

图 7-18

（12）图 7-19 中黑色圈内棕色物质是什么？

（13）图 7-20 中黑色的点是什么细胞？肺泡中充满的浆液是什么？纤维素性肺炎不同时期会相互转化吗？

（14）图 7-21 中浅灰色圈内的结构是什么？

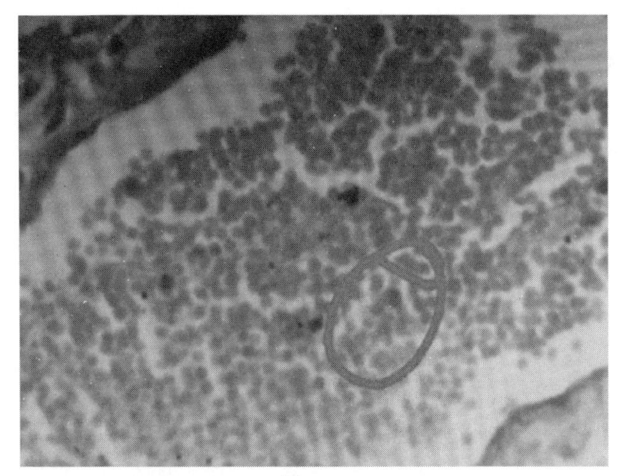

图 7-19

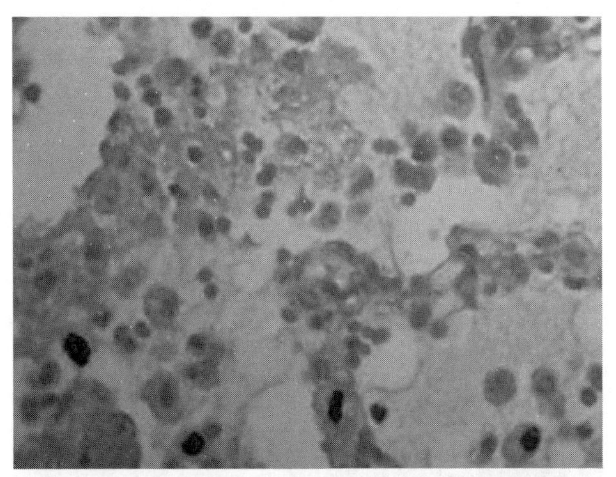

图 7-20

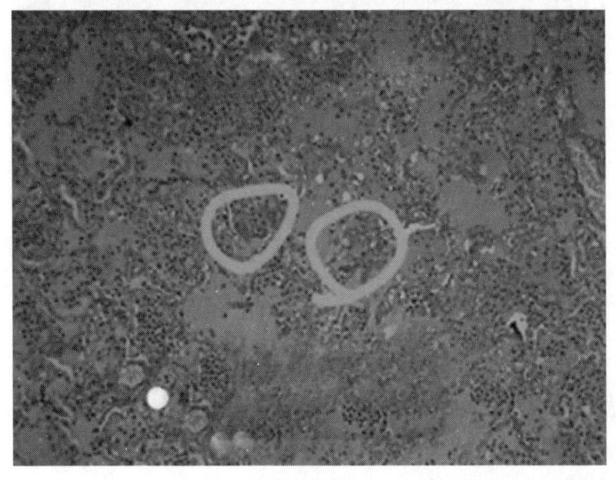

图 7-21

四、考核阶段

（一）考核内容

从支气管性肺炎、大叶性肺炎的显微病理变化图中，选取具有代表性的病理图片作为情景问题考卷。

（二）考核方式

每次实验课准备 4～6 套情景问题考卷，通过雨课堂教学系统下发，每个情景问题考卷包含了 4～6 个小问题，由学生进行病理图分析与观察，进行答题。

（三）考核评分

每个情景问题考卷 100 分，每个小问题为 10～20 分，根据学生回答问题的情况，由雨课堂教学系统自动评分。

（四）情景问题

1. 如图 7-22 所示，支气管肺炎病变图中有 5 个问题需要作答，具体如下：

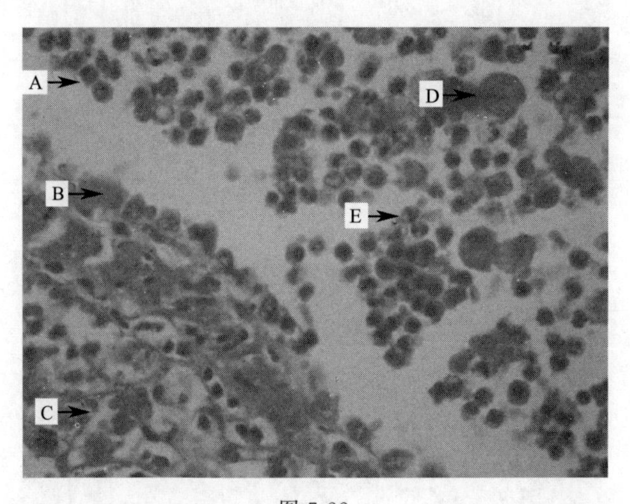

图 7-22

(1) 图中“A”是（　　）

A. 中性粒细胞

B. 巨噬细胞

C. 柱状细胞

D. 红细胞

E. 嗜酸性粒细胞

(2) 图中“B”是（　　）

A. 中性粒细胞

B. 巨噬细胞

C. 柱状细胞

D. 红细胞

E. 嗜酸性粒细胞

(3) 图中“C”是（　　）

A. 中性粒细胞

B. 巨噬细胞

C. 柱状细胞

D. 红细胞

E. 嗜酸性粒细胞

(4) 图中“D”是（　　）

A. 中性粒细胞

B. 巨噬细胞

C. 柱状细胞

D. 红细胞

E. 嗜酸性粒细胞

(5) 图中“E”是（　　）

A. 中性粒细胞

B. 巨噬细胞

C. 柱状细胞

D. 红细胞

E. 嗜酸性粒细胞

2. 如图 7-23 所示，纤维素性肺炎病变图中有 5 个问题需要作答，具体如下：

(1) 图中“A”是（　　）

A. 纤维素

B. 中性粒细胞

C. 巨噬细胞

D. 红细胞

E. 心力衰竭细胞

(2) 图中“B”是（　　）

A. 纤维素

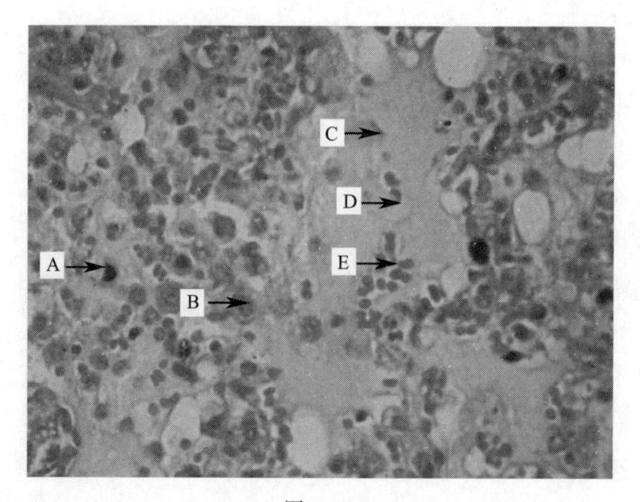

图 7-23

B. 中性粒细胞

C. 巨噬细胞

D. 红细胞

E. 心力衰竭细胞

(3) 图中“C”是(　　)

A. 纤维素

B. 中性粒细胞

C. 巨噬细胞

D. 红细胞

E. 心力衰竭细胞

(4) 图中“D”是(　　)

A. 纤维素

B. 中性粒细胞

C. 巨噬细胞

D. 红细胞

E. 心力衰竭细胞

(5) 图中“E”是(　　)

A. 纤维素

B. 中性粒细胞

C. 巨噬细胞

D. 红细胞

E. 心力衰竭细胞

3. 如图 7-24 所示，病变图中有 5 个问题需要作答，具体如下：

(1) 图中“A”是（　　）

A. 纤维素

B. 中性粒细胞

C. 巨噬细胞

D. 红细胞

E. 心力衰竭细胞

(2) 图中“B”是（　　）

A. 纤维素

B. 中性粒细胞

C. 巨噬细胞

D. 红细胞

E. 心力衰竭细胞

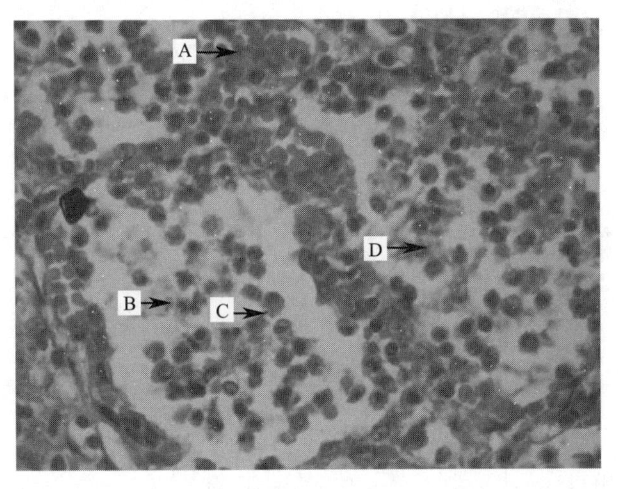

图 7-24

(3) 图中“C”是（　　）

A. 纤维素

B. 中性粒细胞

C. 巨噬细胞

D. 红细胞

E. 心力衰竭细胞

(4) 图中“D”是（　　）

A. 纤维素

B. 中性粒细胞

C. 巨噬细胞

D. 红细胞

E. 心力衰竭细胞

(5) 图中病理变化是（　　）

A. 支气管肺炎

B. 纤维素性肺炎

C. 间质性肺炎

D. 肺气肿

E. 肺脓肿

4. 如图 7-25 所示，病变图中有 5 个问题需要作答，具体如下：

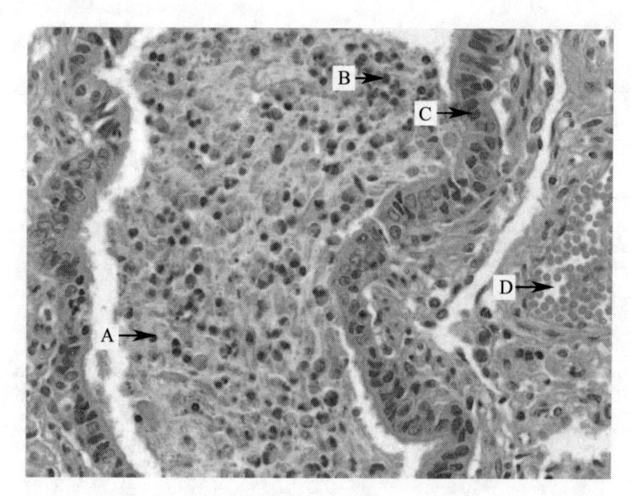

图 7-25

(1) 图中“A”是（　　）

A. 柱状细胞

B. 中性粒细胞

C. 巨噬细胞

D. 红细胞

E. 淋巴细胞

(2) 图中“B”是（　　）

A. 柱状细胞

B. 中性粒细胞

C. 巨噬细胞

D. 红细胞

E. 淋巴细胞

(3) 图中“C”是（　　）

A. 柱状细胞

B. 中性粒细胞

C. 巨噬细胞

D. 红细胞

E. 淋巴细胞

(4) 图中“D”是（　　）

A. 柱状细胞

B. 中性粒细胞

C. 巨噬细胞

D. 红细胞

E. 淋巴细胞

(5) 图中病理变化是（　　）

A. 支气管肺炎

B. 纤维素性肺炎

C. 间质性肺炎

D. 肺气肿

E. 肺脓肿

五、点评阶段

（一）点评内容

将本节课课堂师生交流中碰到的代表性问题以及考核环节中多数学生掌握不好的知识点再次重点强调。

（二）点评方式

通过广播教学方式，将同学们认知、掌握不佳的知识点进行回放。

（廖成水）

实验八 消化系统病理

【Overview】

1. Necropsy

1.1 Atrophy (Liver)

The liver is slightly smaller in volume, the surface is uneven, the interlobular space is larger, the color is pale yellow, and the white exudates cover the surface of the liver.

1.2 Bacterial hepatitis

The liver is enlarged in volume with pale white to yellowish lesions on the surface.

1.3 Viral hepatitis

The increased volume of the liver, the light yellow or khaki surface of the liver and the texture of betel nut liver are observed.

1.4 Toxoplasma gondii hepatitis

The surface of swollen liver is covered with pale yellow jelly-like serous exudates.

1.5 Portal cirrhosis

Many granular nodules of the same size on the uneven surface of the reduced volume liver with the sharply thin edge are observed.

1.6 Postnecrotic cirrhosis

Round-like nodules of different sizes are common on the uneven surface of the reduced volume of pale or grayish-yellow liver with hard texture and sharply thin edges.

1.7 Parasitogenic cirrhosis

The surface of the liver is uneven, which milk-plaque liver characterized as a white pattern is formed. Some white tube-sleeve-like structures, light yellow irregular cord-like structures and white irregular mottled structures can be seen on the surface and section of the diseased livers. In addition, some gray-white nodules can also be observed on the surface and section of the diseased livers.

1.8 Gastritis

1.8.1 Serous gastritis

The gastric mucosa is covered with a large amount of pale yellow mucus.

1.8.2 Hemorrhagic gastritis

Mucosal hemorrhagic plaques at the junction of the glandular stomach and gizzard in chickens are common. In addition, a large number of needle-point to miliary hemorrhagic spots diffusely distribute on the surface of pig gastric mucosa.

1.8.3 Fibrinous gastritis

The surface of the glandular gastric mucosa in chicken is covered with a layer of milky yellow or milky yellow-brown-green cellulose exudates.

1.9 Enteritis

1.9.1 Acute catarrhal enteritis

The surface of the intestinal mucosa is covered with a large amount of translucent serous fluid and the lymphatic follicles in the intestinal wall are swollen.

1.9.2 Hemorrhagic enteritis

Numerous irregular hemorrhagic plaques are common on the surface of the small intestinal mucosa.

2. Microscopic lesions (cirrhosis)

Under low magnification, firstly, the extensive proliferation of connective tissue in the liver tissue mainly characterizes the cirrhosis of liver. Especially, severe hemorrhage and proliferation of connection tissue often occur in the portal areas surrounded by several damaged hepatic lobules. Secondly, the emergence of "pseudolobule" is also one of the symbols of cirrhosis, which is a pathological structure without the central vein or with a deviated vein from the center of the hepatic lobules formed by the round or round-like hepatocytes mass through the segmentation and encirclement of the proliferative connection tissue. In addition, the severely damaged liver cells and substantial proliferative connection tissue are observed in the necrotic hepatic lobules.

Under high magnification, firstly, the congestion of venules and arterioles, the formation of pseudobile ducts by proliferated bile duct epithelial cells and the protrusion of proliferative connection tissue into damaged hepatic lobules are common in the portal areas. The disordered nodules are formed by massively proliferative liver cells. Secondly, the proliferation of fibroblasts often occurs in the areas in which the degenerations, necrosis and disintegration of hepatocytes underwent due to the damage of hepatic lobules. Subsequently, the severe necrosis of liver cells, the extensive proliferation of connection tissue and the collagenization of the proliferation of connection tissue are common.

一、示范授课阶段

（一）实验目的

掌握胃、肝脏和肠的血循障碍、萎缩、变性、坏死、肝硬变等病理学诊断要点。

（二）仪器与耗材

1. 数码显微系统

2. 胃炎

(1) 浆液性胃炎（福尔马林固定大体标本）。

(2) 出血性胃炎（福尔马林固定大体标本）。

(3) 纤维素性胃炎（福尔马林固定大体标本）。

3. 肠炎

(1) 浆液性肠炎（福尔马林固定大体标本）。

(2) 出血性肠炎（福尔马林固定大体标本）。

(3) 纤维素性肠炎（福尔马林固定大体标本）。

4. 肝炎

(1) 细菌性肝炎（福尔马林固定大体标本、病理组织切片）。

(2) 病毒性肝炎（福尔马林固定大体标本、病理组织切片）。

5. 肝硬变

(1) 门脉性肝硬变（福尔马林固定大体标本、病理组织切片）。

(2) 坏死后肝硬变（福尔马林固定大体标本、病理组织切片）。

(3) 寄生虫性肝硬变（福尔马林固定大体标本、病理组织切片）。

6. 擦镜纸、香柏油、显微镜物镜清洗液。

（三）实验内容

1. 剖检病变

（1）萎缩（肝脏）　肝脏体积稍变小，质地稍硬，表面凸凹、小叶间隙增大，病变部位色泽淡黄，白色絮状渗出物覆盖在肝脏表面。

（2）细菌性肝炎　肝脏体积增大，表面色泽淡白至淡黄色。

（3）病毒性肝炎　肝脏体积增大，表面色泽淡黄或土黄色，槟榔肝纹理。

（4）猪弓形虫肝炎　肝脏体积增大，表面色泽淡黄，胶冻样浆液渗出物。

（5）门脉性肝硬变　肝脏体积显著缩小，边缘锐薄，表面凸凹不平，肝脏表面存在较多大小相似的颗粒状结节。

（6）坏死后肝硬变　肝脏体积显著缩小，质地坚硬，色泽变淡或灰黄色，边缘锐薄，表面凸凹不平，存在大小不一的类圆形结节。

（7）寄生虫性肝硬变　肝脏表面凸凹不平，覆盖乳白色条纹，即乳斑肝；肝脏表切面形成白色管套状结构，有的肝脏表、切面形成淡黄色不规则条索状结构，有的肝脏表、切面形成白色不规则斑状结构，有的肝脏表、切面形成灰白色结节。

（8）胃炎

① 浆液性胃炎：胃黏膜表面覆盖大量无色或淡黄色黏液。

② 出血性胃炎：鸡腺胃与肌胃交界处黏膜有点状或斑块状出血，猪胃黏膜表面弥漫性分布大量针尖状至粟粒状出血点。

③ 纤维素性胃炎：鸡腺胃黏膜乳头表面覆盖一层乳黄色、乳黄色-棕绿色纤维素渗出物。

（9）肠炎

① 急性卡他性肠炎：肠黏膜表面覆盖大量透亮浆液，肠壁内淋巴滤泡肿胀、半球状隆突。

② 出血性肠炎：小肠黏膜表面分布多量不规则出血斑块。

2. 显微病变（肝硬变）

（1）低倍镜　结缔组织广泛增生（图 8-1）。其中，肝小叶间结缔组织明显增生，汇管区结缔组织严重增生（图 8-2），增生的结缔组织将肝细胞团分割成岛屿状结构、无中央静脉，或中央静脉偏于小叶的一侧，称为“假小叶”。肝小叶的固有结构破损，肝小叶萎缩或被增生的结缔组织分割成大小不等的圆形、类圆形肝细胞团块（图 8-3）。在肝细胞严重变性、坏死部位，可见大量结缔组织增生。

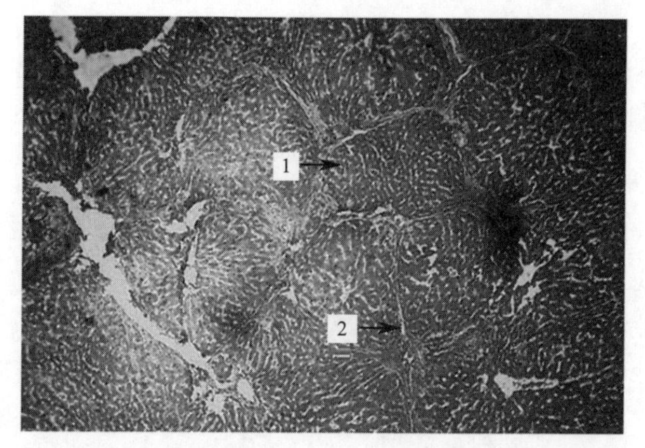

图 8-1　肝硬变（一）（HE 染色，40 倍）

1—肝小叶；2—汇管区

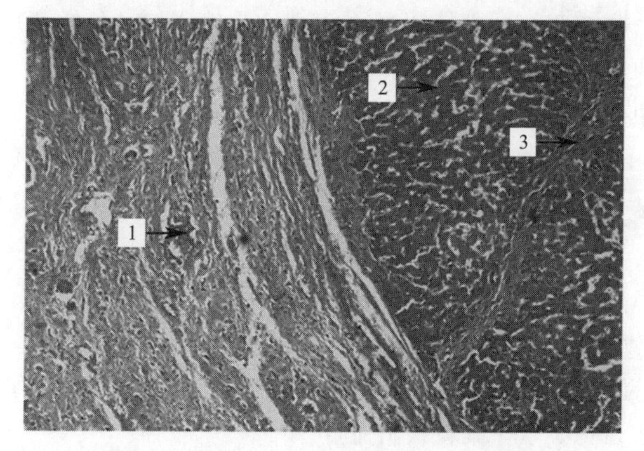

图 8-2　肝硬变（二）（HE 染色，100 倍）

1—严重损伤肝小叶；2—肝小叶；3—结缔组织

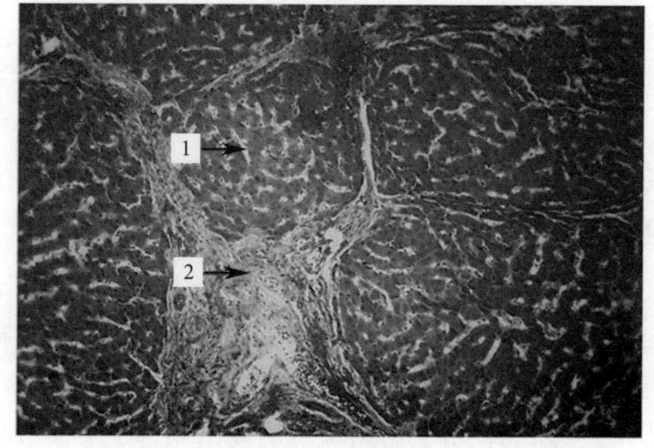

图 8-3　肝硬变（三）（HE 染色，100 倍）

1—假小叶；2—汇管区

（2）高倍镜　汇管区小静脉、小动脉充血，卵圆形胆管上皮细胞增生，生成“假胆管”。增生的结缔组织深入肝小叶内，肝细胞大量增生，形成排列紊乱的结节（图 8-4）。肝小叶内肝细胞颗粒变性、坏死、崩解，成纤维细胞通过裂殖再生进行修复（图 8-5）。在肝细胞严重坏死部位，结缔组织广泛增生，分泌胶原纤维与弹性纤维并胶原化（图 8-6）。

（四）课后作业

画出肝硬变的低倍镜、高倍镜病理图，标出主要结构（假小叶、广泛增生结缔组织、肝细胞索、肝细胞结节、再生的肝细胞）并用病理学术语描述。

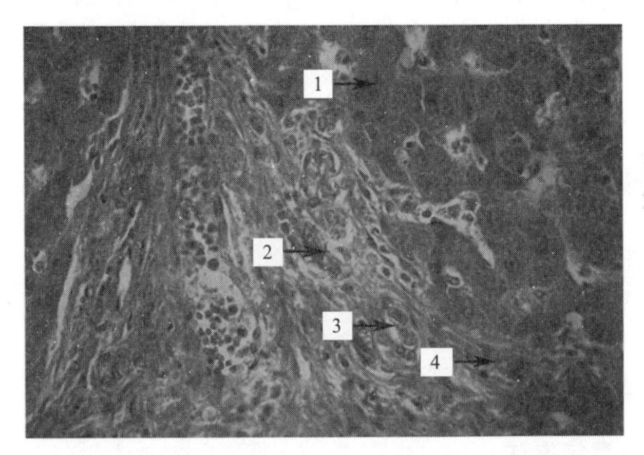

图 8-4　肝硬变（四）（HE 染色，400 倍）

1—再生肝细胞；2—毛细血管；3—小胆管；4—成纤维细胞

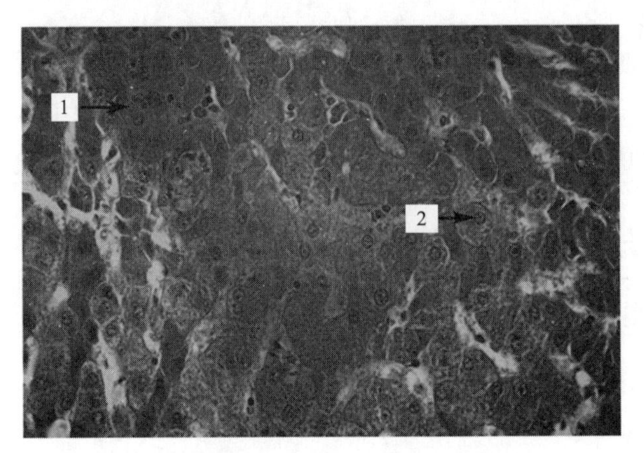

图 8-5　肝硬变（五）（HE 染色，400 倍）

1—肝细胞结节；2—再生肝细胞

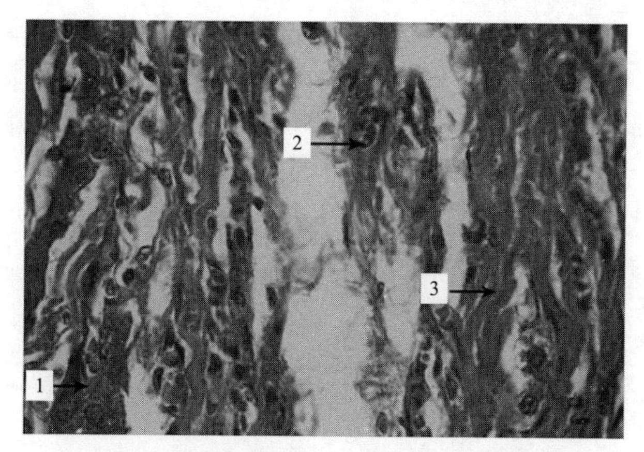

图 8-6　肝硬变（六）（HE 染色，400 倍）
1—坏死肝细胞；2—毛细血管；3—胶原纤维束

二、病理组织切片观察阶段

（一）观察内容

细菌性肝炎、病毒性肝炎、肝硬变。

（二）观察要求

1. 数码显微系统操作

要求每位学生认真、细致，认真操作数码显微系统，独立完成三种病理组织切片的观察。

2. 显微病理问题处理

要求每位同学准备 1 个笔记本，将观察病理组织切片过程中碰到的问题记录下来（至少 5 个问题）。

三、网络化分析问题阶段

（一）分组

座位相近或相邻的 4～6 名同学为一组。

（二）要求

要求小组的每位同学做好“三问”——问自己、问同学、问教师。首先，结合动物病理学理论教材、实验课教材，甚至互联网上的相关知识独自进行问题解答，与同学们进行分享解析过程；然后，碰到自己解答不了的问题，小组成员进行分析、讨论，协同集体智慧解析问题；最后，小组集体解决不了的问题，推送至雨课堂教学系统，师生一起进行网络化分析、讨论、交流，碰到具有代表性的问题，由教师通过数码系统的广播教学进行全班同学分享。

（三）问题汇总

（1）图 8-7 中标示的结构是一个静脉吗？

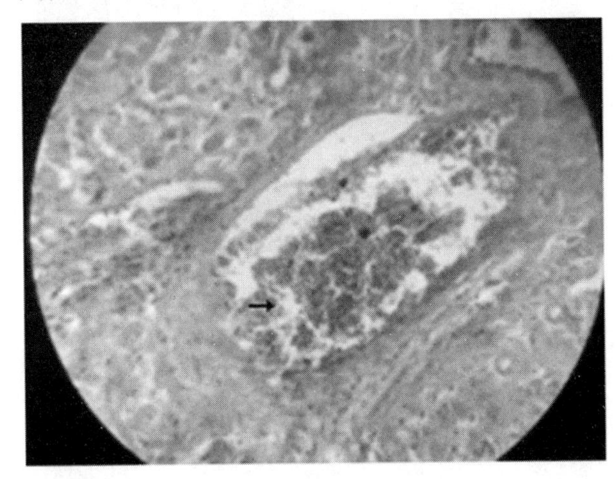

图 8-7

（2）怎么分辨假小叶？

（3）除了蛔虫性肝硬变，还有哪些寄生虫可引发肝硬变？都是怎么导致的？为什么要以虫的名字来命名这个病？

（4）结缔组织增生与肝硬变的关系是怎样的？肝硬变导致了结缔组织增生，还是结缔组织增生导致了肝硬变？

（5）细菌性肝炎显微镜下的病理特征有哪些？

（6）病毒性肝炎显微镜下的病理特征有哪些？

（7）显微镜下细菌性肝炎与病毒性肝炎的不同之处有哪些？

（8）图 8-8 中灰色箭头标示的结构是什么？

（9）图 8-9 中黑色圈内标示的结构是增生的结缔组织吗？

（10）图 8-10 中黑色圈内标示的结构是肝静脉吗？

（11）图 8-11 中浅灰色圈内标示的结构是什么？

（12）图 8-12 中两个结构都是假小叶吗？

（13）图 8-13 中黑色圈内的细小物质是否是破裂的细胞？

（14）图 8-14 中黑色圈内的鲜红色的结构是什么？

（15）图 8-15 中圈内标示的结构是什么组织？

（16）图 8-16 中箭头标示的结构是什么？

（17）图 8-17 中灰色圈内的结构是成纤维细胞吗？

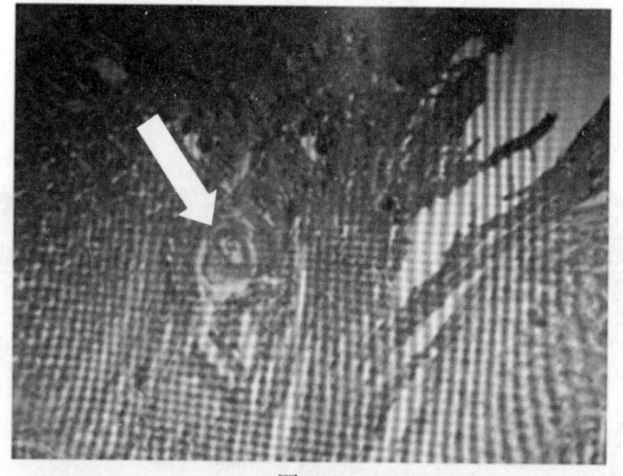

图 8-8

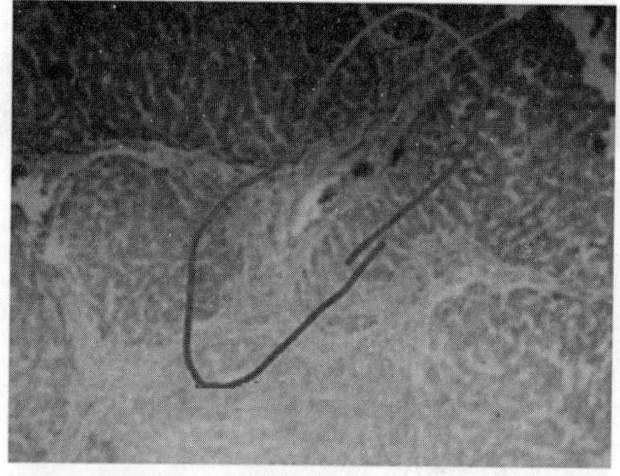

图 8-9

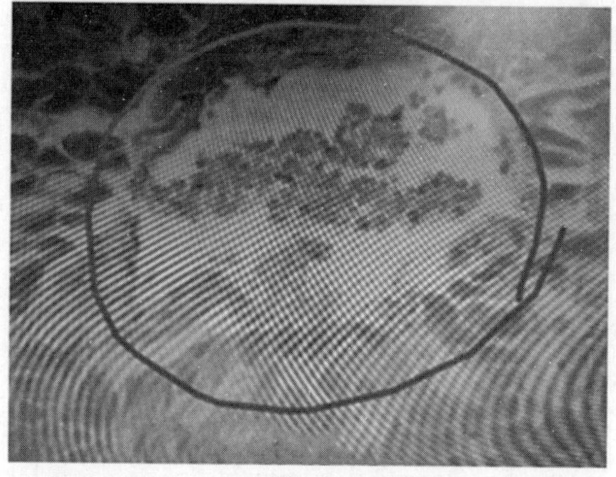

图 8-10

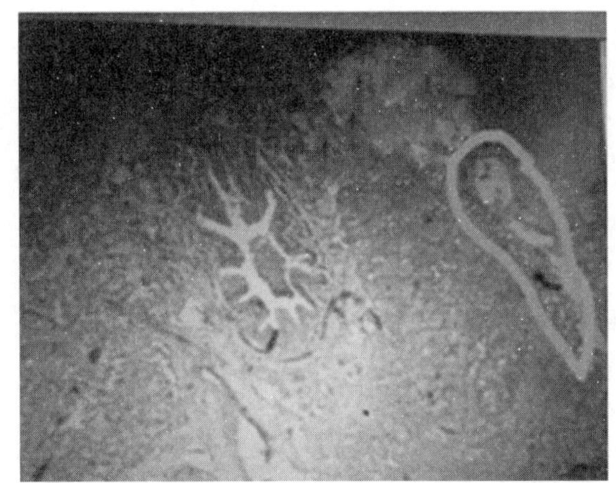
图 8-11

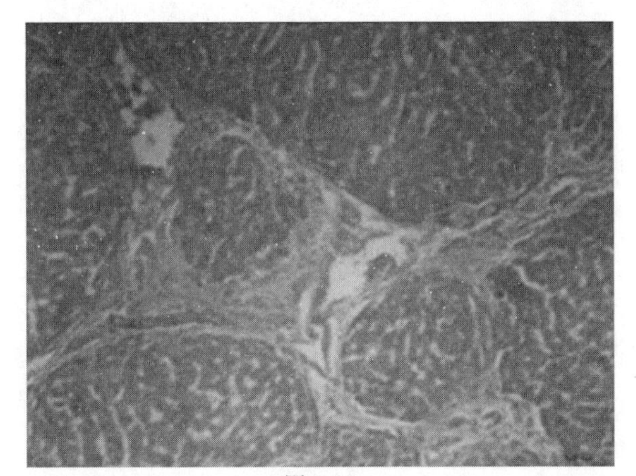
图 8-12

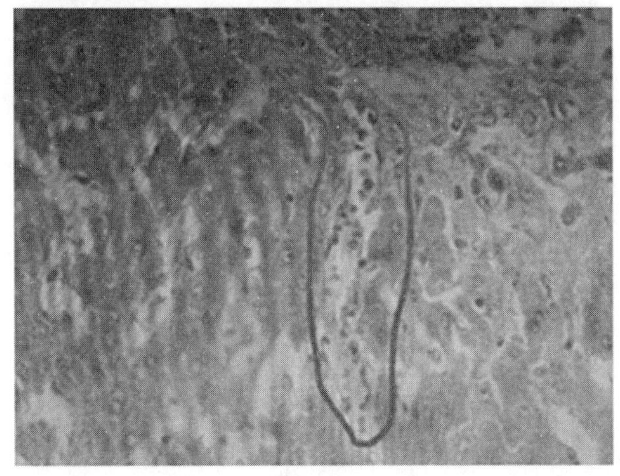
图 8-13

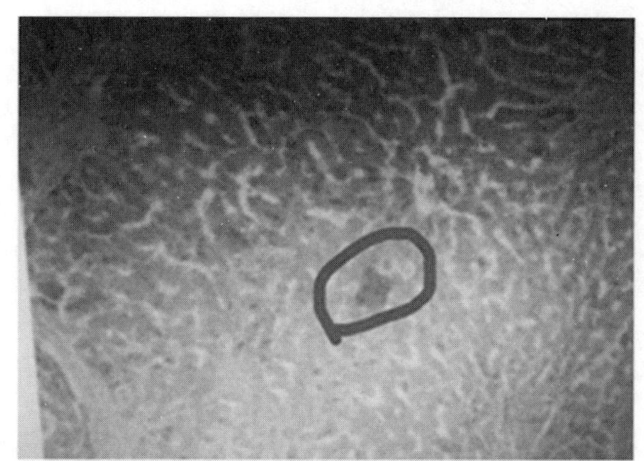
图 8-14

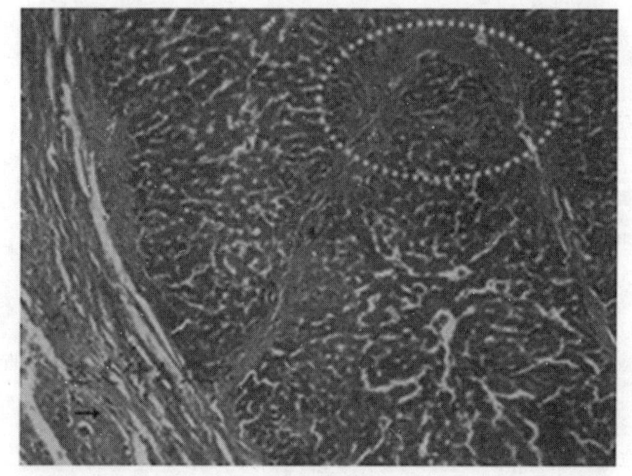
图 8-15

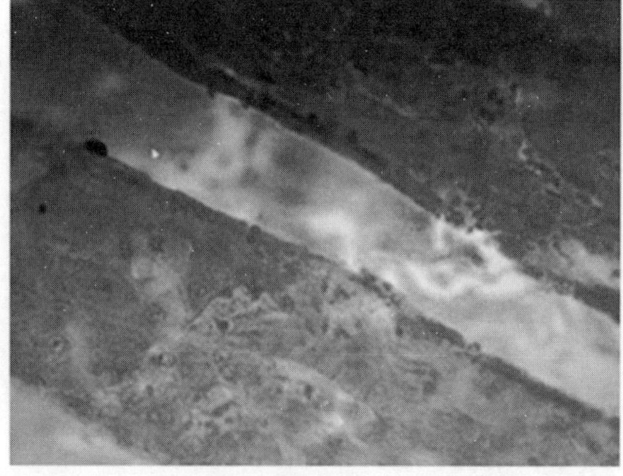
图 8-16

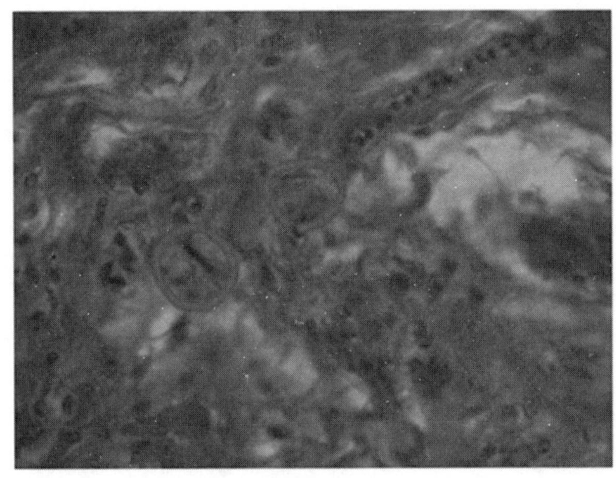

图 8-17

（18）图 8-18 中箭头标示的结构是肝细胞吗？

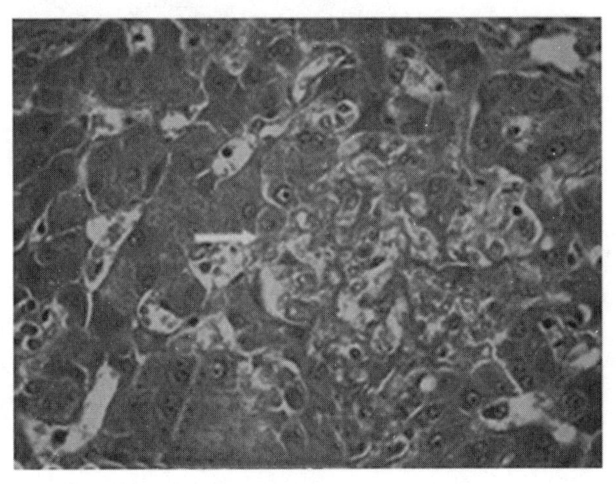

图 8-18

（19）图 8-19 中黑色圈的结构是大动脉吗？

（20）图 8-20 中浅灰色框的结构是胆管吗？

（21）图 8-21 中深灰色圈的结构是增生的结缔组织吗？

（22）图 8-22 中浅灰色圈的结构是什么？

四、考核阶段

（一）考核内容

从细菌性肝炎、病毒性肝炎、肝硬变的显微病理变化图中，选取具有代表性的病理图片作为情景问题考卷。

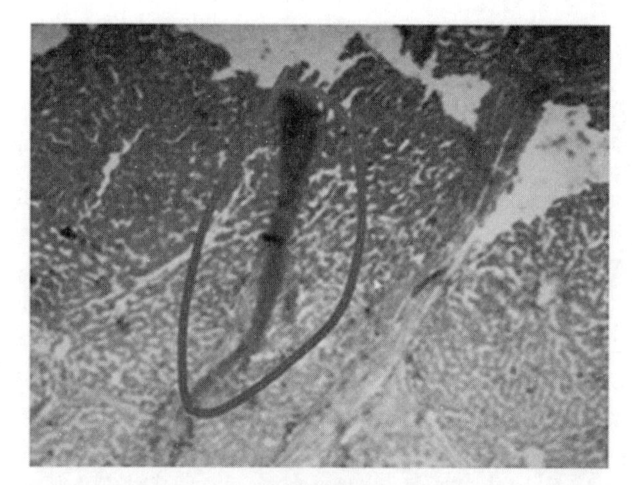

图 8-19

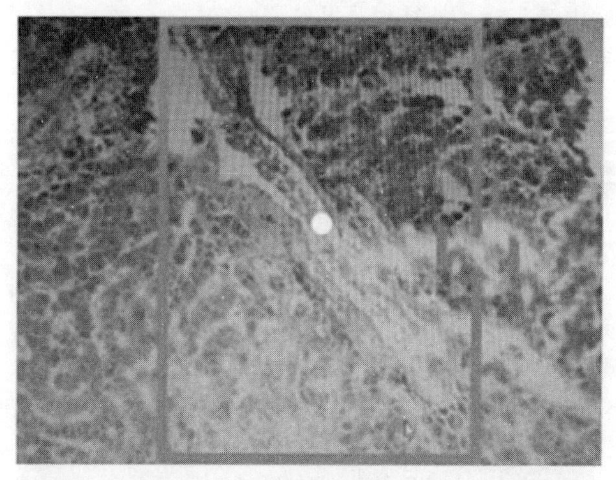

图 8-20

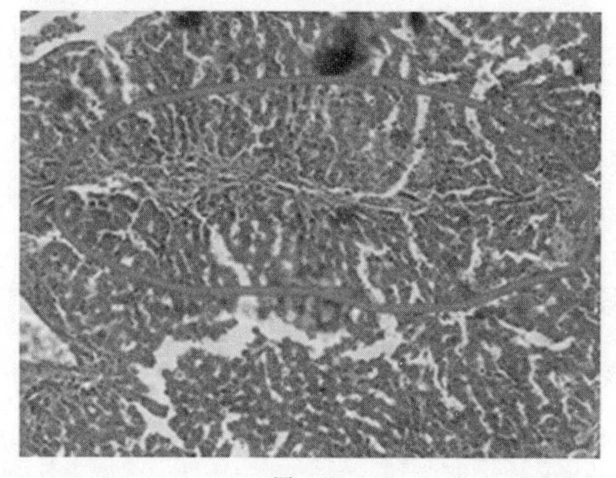

图 8-21

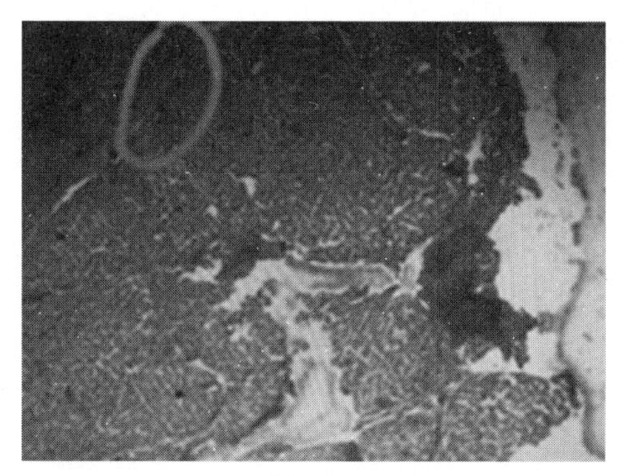

图 8-22

（二）考核方式

每次实验课准备 4～6 套情景问题考卷，通过雨课堂教学系统下发，每个情景问题考卷包含了 4～6 个小问题，由学生进行病理图分析与观察，进行答题。

（三）考核评分

每个情景问题考卷 100 分，每个小问题为 10～20 分，根据学生回答问题的情况，由雨课堂教学系统自动评分。

（四）情景问题

1. 如图 8-23 所示，肝脏病变图中有 5 个问题需要作答，具体如下：

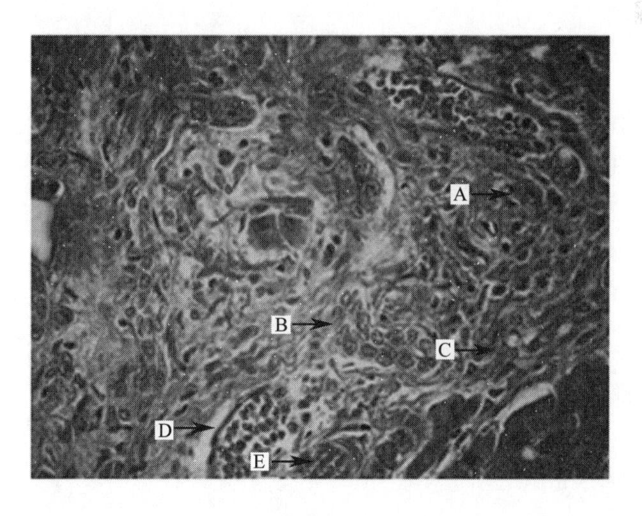

图 8-23

（1）图中“A”是（　　）

A．小动脉

B．小静脉

C．小胆管

D．肝细胞

E．成纤维细胞

（2）图中“B”是（　　）

A．小动脉

B．小静脉

C．小胆管

D．肝细胞

E．成纤维细胞

（3）图中“C”是（　　）

A．小动脉

B．小静脉

C．小胆管

D．肝细胞

E．成纤维细胞

（4）图中“D”是（　　）

A．小动脉

B．小静脉

C．小胆管

D．肝细胞

E．成纤维细胞

（5）图中“E”是（　　）

A．小动脉

B．小静脉

C．小胆管

D．肝细胞

E．成纤维细胞

2．如图 8-24 所示，肝脏病变图中有 5 个问题需要作答，具体如下：

（1）图中“A”是（　　）

A．肝细胞

B．胆管上皮细胞

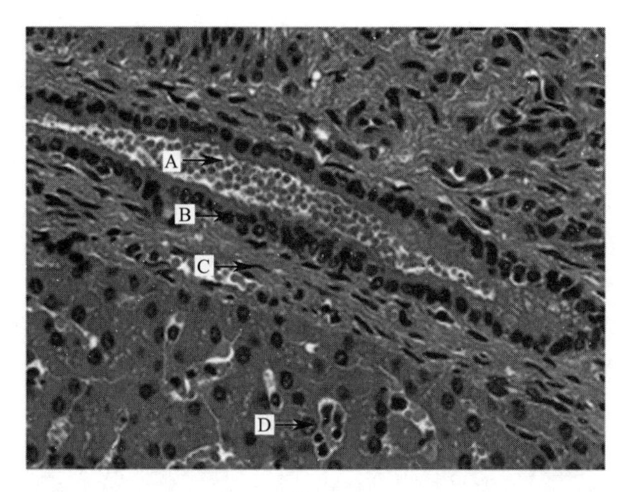

图 8-24

C. 胆汁
D. 红细胞
E. 纤维细胞
(2) 图中“B”是(　　)
A. 肝细胞
B. 胆管上皮细胞
C. 胆汁
D. 红细胞
E. 纤维细胞
(3) 图中“C”是(　　)
A. 肝细胞
B. 胆管上皮细胞
C. 胆汁
D. 红细胞
E. 纤维细胞
(4) 图中“D”是(　　)
A. 肝细胞
B. 胆管上皮细胞
C. 胆汁
D. 红细胞
E. 纤维细胞
(5) 图中“D”的病变是(　　)

A. 颗粒变性

B. 脂肪变性

C. 细胞肿胀

D. 淀粉样变

E. 坏死

3. 如图 8-25 所示，肝脏病变图中有 5 个问题需要作答，具体如下：

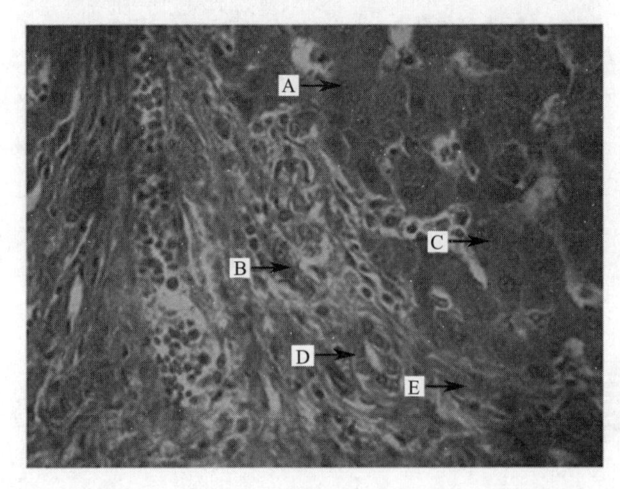

图 8-25

(1) 图中“A”是（　　）

A. 肝细胞

B. 小静脉

C. 小胆管

D. 肝细胞再生

E. 成纤维细胞

(2) 图中“B”是（　　）

A. 肝细胞

B. 小静脉

C. 小胆管

D. 肝细胞再生

E. 成纤维细胞

(3) 图中“C”是（　　）

A. 肝细胞

B. 小静脉

C. 小胆管

D. 肝细胞再生

E. 成纤维细胞

(4) 图中“D”是（　　）

A. 肝细胞

B. 小静脉

C. 小胆管

D. 肝细胞再生

E. 成纤维细胞

(5) 图中“E”是（　　）

A. 肝细胞

B. 小静脉

C. 小胆管

D. 肝细胞再生

E. 成纤维细胞

4. 如图 8-26 所示，肝脏病变图中有 5 个问题需要作答，具体如下：

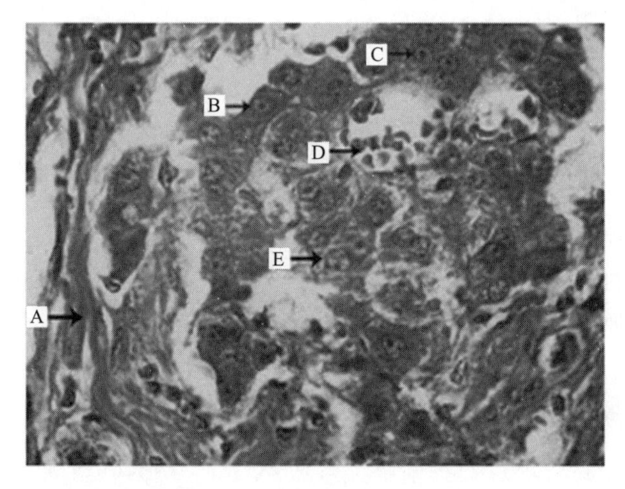

图 8-26

(1) 图中“A”是（　　）

A. 肝细胞

B. 红细胞

C. 肝细胞坏死

D. 肝细胞再生

E. 纤维胶原束

(2) 图中“B”是（　　）

A. 肝细胞

B. 红细胞

C. 肝细胞坏死

D. 肝细胞再生

E. 纤维胶原束

(3) 图中“C”是（　　）

A. 肝细胞

B. 红细胞

C. 肝细胞坏死

D. 肝细胞再生

E. 纤维胶原束

(4) 图中“D”是（　　）

A. 肝细胞

B. 红细胞

C. 肝细胞坏死

D. 肝细胞再生

E. 纤维胶原束

(5) 图中“E”是（　　）

A. 肝细胞

B. 红细胞

C. 肝细胞坏死

D. 肝细胞再生

E. 纤维胶原束

五、点评阶段

（一）点评内容

对本节课课堂师生交流中碰到的代表性问题以及考核环节中多数学生掌握薄弱的知识点进行重点强调。

（二）点评方式

通过广播教学方式，同学们认知、掌握不佳的知识点进行回放。

（张旻）

实验九 泌尿系统病理

【Overview】

1. Necropsy

1.1 Acute glomerulonephritis

The tense capsules are caused by the swollen kidney, where red needle tip to millet-shape hemorrhage points of diffuse distribution are common on the cortex of the renal section. In addition, the millet to plaque-shape hemorrhages are common on the renal pelvis mucosa.

1.2 Renal medullary hemorrhage

The kidneys are enlarged in volume with pale pink cortex on the cut surface and dark red patchy hemorrhages in the medulla.

1.3 Large white kidney

The swollen kidneys are surrounded by the tense capsules, where the surface and the section cortex are pale and hemorrhagic plaques in the renal pelvis mucosa are seen.

1.4 Contracted kidneys

The size of the diseased kidneys is reduced, which red-and-white unevenly granular substances are common on the surface of the kidneys.

1.5 White-plaque kidney

The swollen kidneys are surrounded by the tense capsules, where the distributions of the irregular white plaques or pea-like white plaques are common under the dark red background of the renal surface.

1.6 Renal abscess (Suppurative nephritis)

The swollen kidneys are surrounded by the tense capsules, where the protusions of the pale yellow abscess foci out of the renal surface, the pale white ulcer surfaces on the wall of the abscess foci of the renal section and substantial blood clots inside the abscess cavity are found.

2. Microscopic lesions

2.1 Interstitial renal congestion

Under low magnification, firstly, substantial light red flocculent substances filled with the narrow lumen in some renal tubular wall thickened are found. Secondly, the diffused distributions of renal epithelial dropped are common in the lumen of some renal tubules with thin wall. The capillaries among the renal tubules are dilated and congested, filled a large number of red blood cells.

Under high magnification, the dark blue nuclei of renal tubular epithelial cells, the clear nuclear membrane and light red cytoplasm are found. Some renal tubular epithelial cells disintegrated and dropped, some renal tubular epithelial cell nuclei disappeared only with nuclear shadows, light red flocculent exudates and scattered red blood cells in the lumen of some renal tubules are observed. In addition, substantial disintegrating renal tubular epithelial cells in the cavity of some renal tubules are seen. Extreme dilation and congestion of capillaries in the tubulointerstitium, blood cells in some tubules and proteins tubular type in some renal tubules are common.

2.2 Renal granular degeneration

The renal tubular lumens become narrowed or even closed due to extreme swollen renal tubular epithelial cells containing a large amount of granular substantial substance. Mild hyperaemia of renal interstitial and various tubular types formed by exudative serous fluids, cellulose, leukocytes and red blood cells.

2.3 Subacute glomerulonephritis

Some lesions such as exudates, hyperaemia are common under low magnification. Firstly, the atresia of the renal capsule cavities and the highly swollen glomerulus are seen due to the entire renal capsules are filled by swollen vascular plexus. Secondly, the renal tubular lumens become narrowed or even closed due to substantial flocculent substance in the lumen of renal tubules. The extreme hyperemia of peripheral venules in the swollen glomerulus and the capillaries between the basal layers of the renal tubules are found.

Under high magnification, firstly, the renal capsules are filled with swollen vascular plexus, which contain serous fluids, cellulose exudates and swollen mesangial cells of the glomerular plexus. In addition, the ischemia of narrowed capillaries is observed accompanying the phenomenon of the congested afferent arterioles and ischemic efferent venules. Secondly, the dilated and hyperaemic capillaries in some glomeruli and the cycle-type structures formed by the proliferated parietal epithelial cells of the renal capsule, and the extreme hyperaemia in the peripheral tubulointerstitial capillaries are observed. Thirdly, the moderate hyperaemia in some glomerular capillary plexus, the formation of crescent-like structure by proliferated epithelial cells in the renal capsule wall and fibroblasts are observed. The extreme congestion in the surrounding tubulointerstitial capillaries, the renal tubular structure only with basal flat cells is seen due to the disintegration of the renal epithelia. In addition, the extreme swelling, disintegration and abscission of some renal epithelia and the necrotic epithelia with or without nuclei are common.

2.4 Interstitial nephritis

Many lesions are common under low magnification. The structures of the glomeruli in the severe lesion area are blurred. The cavities of the renal capsules are remained due to the atrophy or disappearances of some glomerular vascular plexus. Subsequently, the disappearance of inherent structure of the renal tubule, extensive proliferation of the connective tissue, and the infiltration of inflammatory cells are observed. The narrowed cavities of the glomerular capillary plexus with fewer red blood cells, the proliferated mesangial cells, the swollen renal tubular epithelial cells, flocculent cellulose in the cavity, and interstitial inflammatory cell infiltration between renal tubules are observed in the mild lesion area.

The disintegration of renal tubular epithelial cells are common under high magnification.

一、示范授课阶段

（一）实验目的

掌握急性肾小球肾炎、亚急性肾小球肾炎、慢性肾小球肾炎、间质肾小球肾炎、化脓性肾炎等病理组织学诊断要点。

（二）仪器与耗材

1. 数码显微系统

2. 肾小球肾炎

（1）急性肾小球肾炎（福尔马林固定大体标本、病理组织切片）。

（2）亚急性肾小球肾炎（福尔马林固定大体标本、病理组织切片）。

（3）慢性肾小球肾炎（福尔马林固定大体标本、病理组织切片）。

3. 间质性肾炎

福尔马林固定大体标本、病理组织切片。

4. 化脓性肾炎

福尔马林固定大体标本、病理组织切片。

5. 擦镜纸、香柏油、显微镜物镜清洗液

（三）实验内容

1. 剖检病变

（1）急性肾小球肾炎　肾脏体积肿大，被膜紧张，表面弥散性分布针尖状至粟粒状红色出血点，切面皮质弥散性分布针尖至粟粒状出血点，肾盂黏膜呈粟粒状至片状出血。

（2）肾脏髓质出血　肾脏体积肿大，切面皮质淡粉红色，髓质暗红色片状出血。

（3）亚急性肾小球肾炎　肾脏体积肿大，被膜紧张，色泽苍白，切面皮质苍白色，弥漫性分布点状暗红色颗粒，肾盂黏膜斑块状出血。

（4）皱缩肾　肾脏体积显著缩小，质地坚硬，表面凸凹不平，呈皱缩状。

（5）间质性肾炎　体积肿大，被膜紧张，表面暗红色背景下间杂粟粒状不规则白色斑块或豌豆状白色斑块。

（6）肾脓肿　体积肿大，被膜紧张，淡黄色脓肿灶凸于肾脏表面，切面脓肿灶壁上有淡白色溃疡面，脓肿腔内有大量凝血块。

2. 显微病变

（1）间质肾充血

① 低倍镜：肾小管管壁增厚，管腔狭窄，腔内有大量淡红色絮状物质，有的肾小管管壁变薄，上皮脱落，散在于管腔中。肾小管间质毛细血管扩张充血，充盈大量红细胞。

② 高倍镜：肾小管上皮细胞核呈深蓝色，核膜清晰，胞浆淡红色，有的肾小管上皮细胞崩解、脱落，有的肾小管上皮细胞核消失，仅留核影，管腔内充盈淡红色絮状渗出物及数个红细胞，有的肾小管上皮细胞大量脱落，充满整个肾小管。肾小管间质中毛细血管极度扩张、充血，有的肾小管内有血细胞，有的肾小管内有蛋白质管型存在。

（2）肾脏颗粒变性　肾小管上皮细胞极度肿胀，胞浆内有大量颗粒状物质，肾小管管腔狭窄甚至闭锁；肾间质轻度充血，渗出的浆液、纤维素、白细胞、红细胞以及脱落的肾小管上皮细胞形成各种管型。

（3）亚急性肾小球肾炎

① 低倍镜：肾小球高度肿胀，血管丛充满整个肾小囊，肾小囊腔闭锁。肾小球近曲小管中充满絮状物质，肾小管管腔狭窄，甚至闭锁。肿胀的肾小球周围小静脉极度扩张充血，肾小管间质毛细血管扩张充血（图 9-1）。

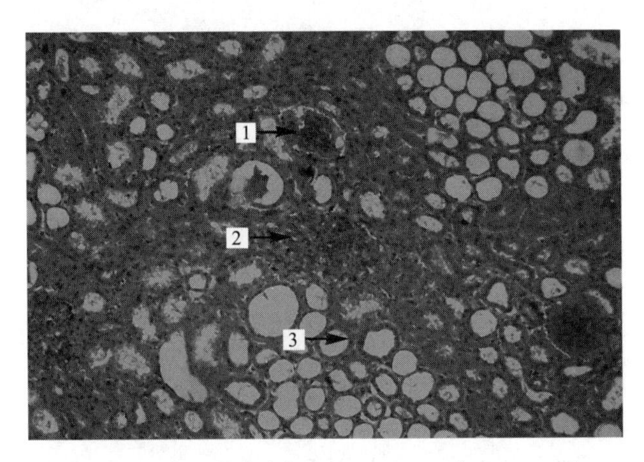

图 9-1　亚急性肾小球肾炎（一）（HE 染色，100 倍）

1—血管；2—肾小球；3—近曲肾小管

② 高倍镜：肿大的血管丛充满整个肾小囊腔，肾小囊内渗出浆液、纤维素。肾小球血管丛系膜细胞体积肿大，毛细血管狭窄，缺血（图 9-2）。入球小动脉扩张充血，出球小静脉缺血。有的肾小球毛细血管扩张充血，肾小囊壁层上皮细胞增生，形成环状结构（图 9-3），近曲小管间质毛细血管极度扩张充血；有的肾小球毛细血管丛中度充血，肾小囊壁层上皮细胞增生、成纤维细胞增生，生成新月体状结构（图 9-4、图 9-5）。近曲小管间质毛细血管极度扩张充血，肾小管上皮细胞崩解脱落，仅留基底层扁平细胞。有的肾小管上皮细胞极度肿胀、破裂、脱落，有的上皮细胞核消失，仅留核影（图 9-6）。

（4）间质性肾炎

① 低倍镜：严重病变区肾小球结构模糊，有的肾小球血管丛萎缩（肾小球数量减少，呈分叶状或萎缩成一小团块）或消失，仅留肾小囊腔；肾小管上皮细胞崩解、脱落，肾小管固有结构消失；结缔组织广泛增生，炎性细胞浸润。病变轻微区域肾小球毛细血管丛血管狭窄，红细胞较少，系膜细胞增生，肾小管上皮细胞肿大，管腔内絮状纤维素渗出，肾小管间质炎性细胞浸润。

② 高倍镜：肾小管上皮细胞崩解脱落。

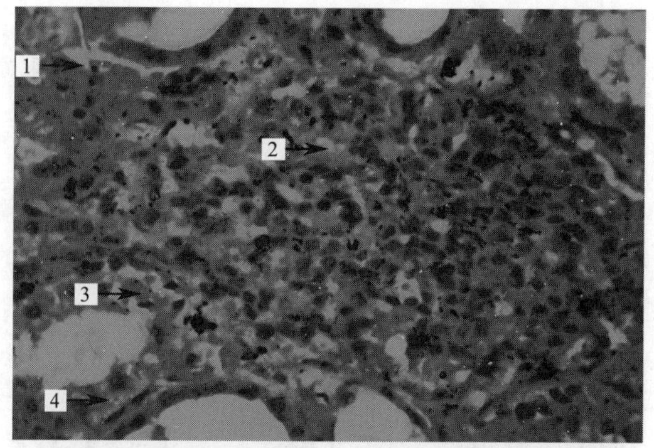

图 9-2 亚急性肾小球肾炎（二）（HE 染色，400 倍）

1—入球小动脉；2—肿胀肾小球；3—出球小静脉；4—毛细血管

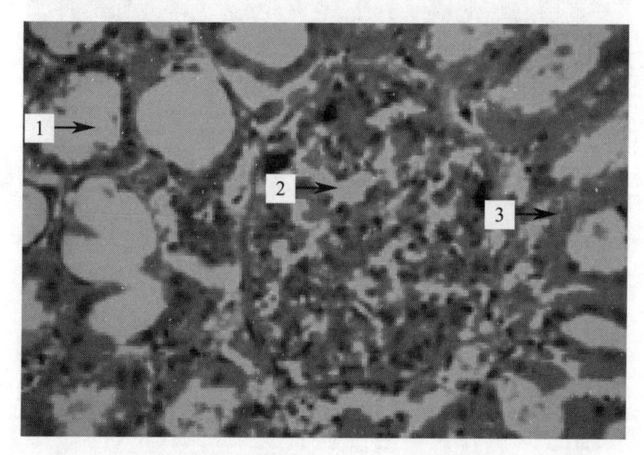

图 9-3 亚急性肾小球肾炎（二）（HE 染色，400 倍）

1—肾小管腔；2—肿胀肾小球；3—间质血管瘀血

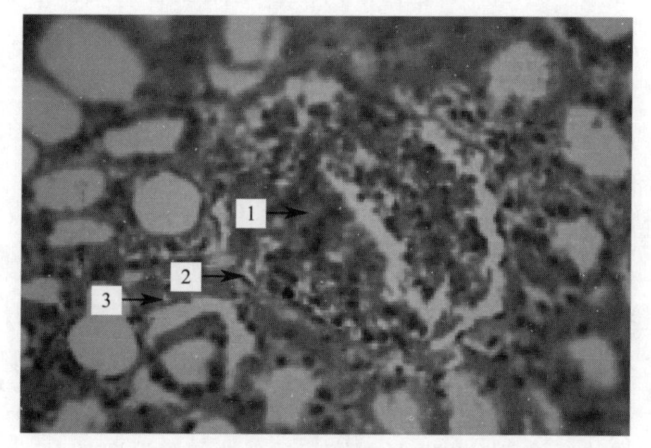

图 9-4 亚急性肾小球肾炎（四）（HE 染色，400 倍）

1—肿胀肾小球；2—新月体；3—瘀血

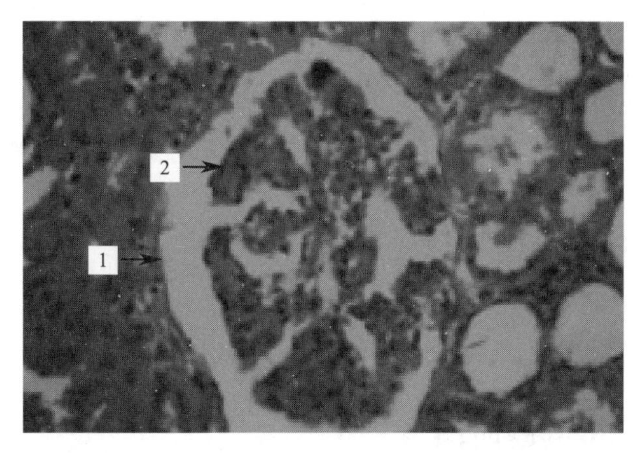

图 9-5　亚急性肾小球肾炎（五）（HE 染色，400 倍）

1—新月体；2—肾小球

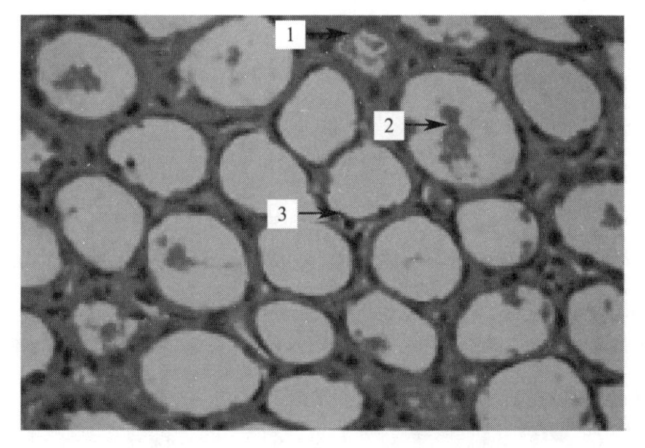

图 9-6　亚急性肾小球肾炎（六）（HE 染色，400 倍）

1—肾小管上皮细胞；2—脱落细胞碎片；3—基底细胞

（四）课后作业

画出亚急性肾炎的低倍镜、高倍镜病理图，标出主要结构并用病理学术语描述。

二、病理组织切片观察阶段

（一）观察内容

间质性肾充血、亚急性肾小球肾炎、间质性肾炎。

（二）观察要求

1. 数码显微系统操作

要求每位学生认真、细致，认真操作数码显微系统，独立完成三种病理组织切片的观察。

2. 显微病理问题处理

要求每位同学准备 1 个笔记本，将观察病理组织切片过程中碰到的问题记录下来（至少 5 个问题）。

三、网络化分析问题阶段

（一）分组

座位相近或相邻的 4～6 名同学为一组。

（二）要求

要求小组的每位同学做好“三问”——问自己、问同学、问教师。首先，结合动物病理学理论教材、实验课教材，甚至互联网上的相关知识独自进行问题解答，与同学们进行分享解析过程；然后，碰到自己解答不了的问题，小组成员进行分析、讨论，协同集体智慧解析问题；最后，小组集体解决不了的问题，推送至雨课堂教学系统，师生一起进行网络化分析、讨论、交流，碰到具有代表性的问题，由教师通过数码系统的广播教学进行全班同学分享。

（三）问题汇总

（1）图 9-7 中标示的结构是肾小球吗？

（2）图 9-8 中标示的结构是血管吗？

（3）图 9-9 中黑色圈中的结构是什么？

（4）图 9-10 中深灰色圈内的组织是崩解、坏死吗？

（5）图 9-11 中箭头标示的是由肾颗粒变性形成的肾小管管型吗？

（6）图 9-12 中央的大空腔是肾小管吗？其右侧空腔是半月体吗？

（7）图 9-13 中黑色圈内的黑色组织是什么？

（8）图 9-14 中黑色团块是什么组织？

（9）图 9-15 中左侧箭头标示的肾小管腔存在红色絮状物质，右侧不存在，为什么？

（10）图 9-16 中大空泡是如何形成的？

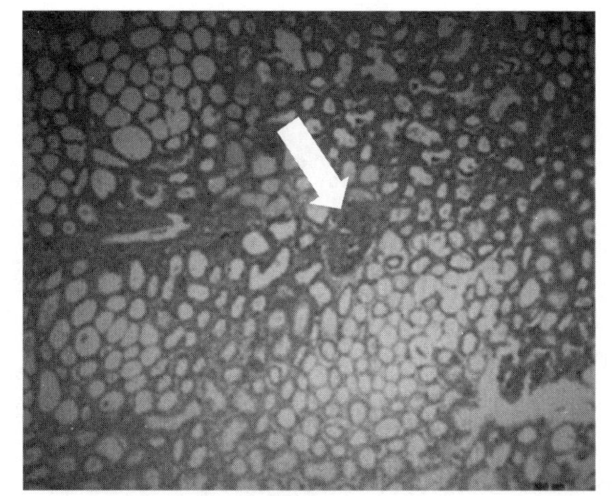
图 9-7

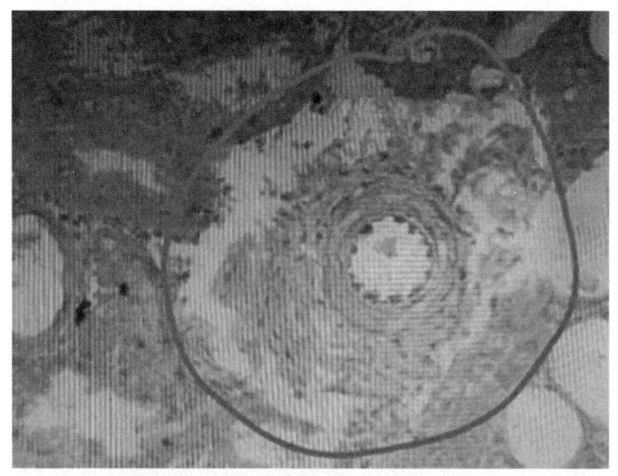
图 9-8

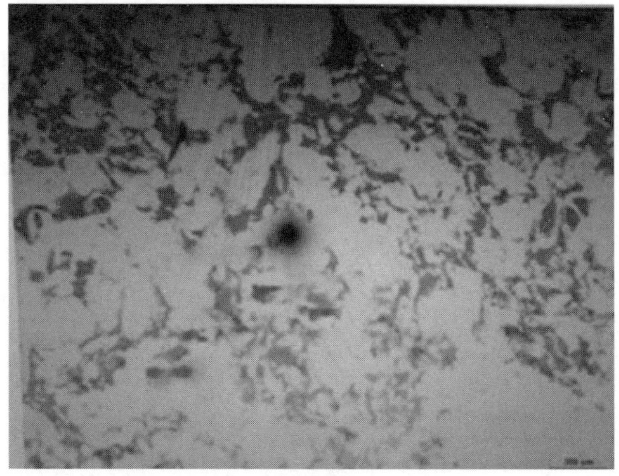
图 9-9

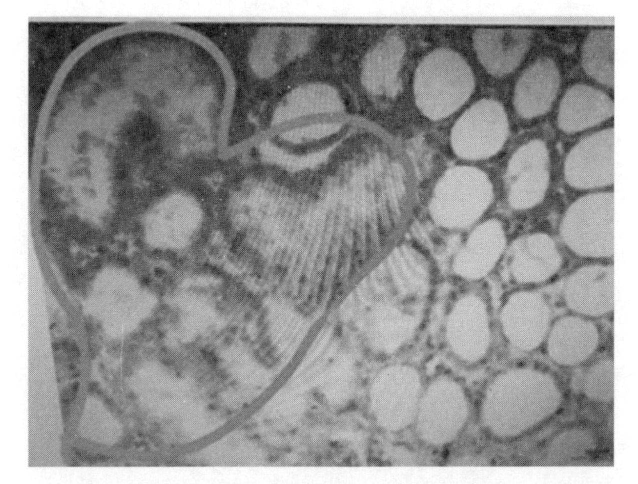
图 9-10

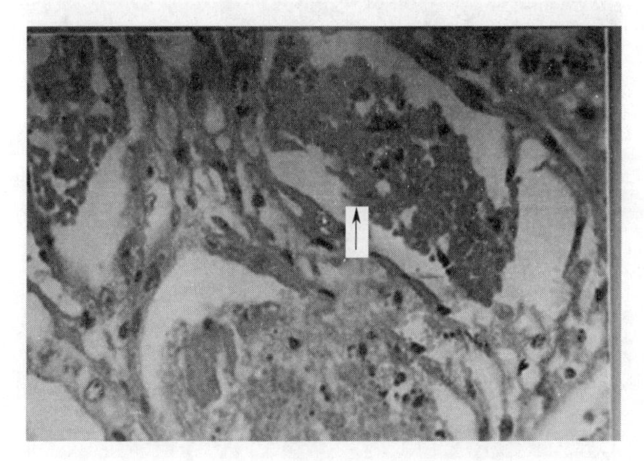
图 9-11

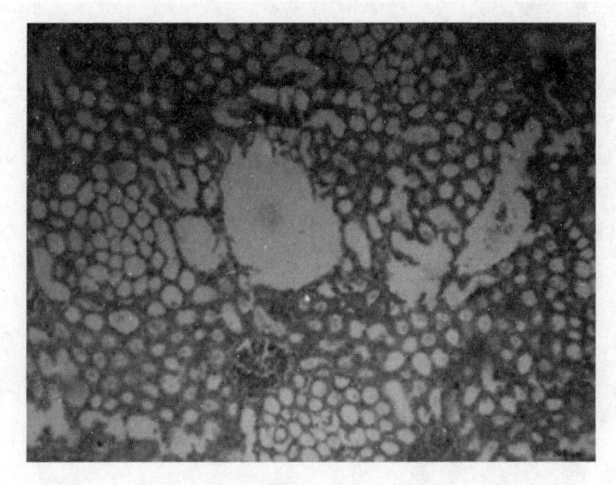
图 9-12

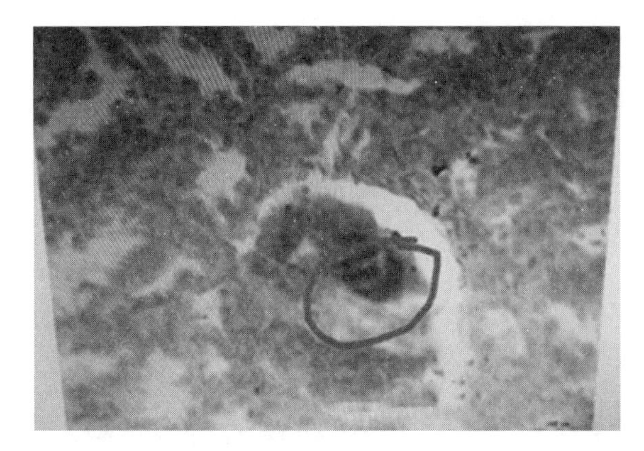

图 9-13

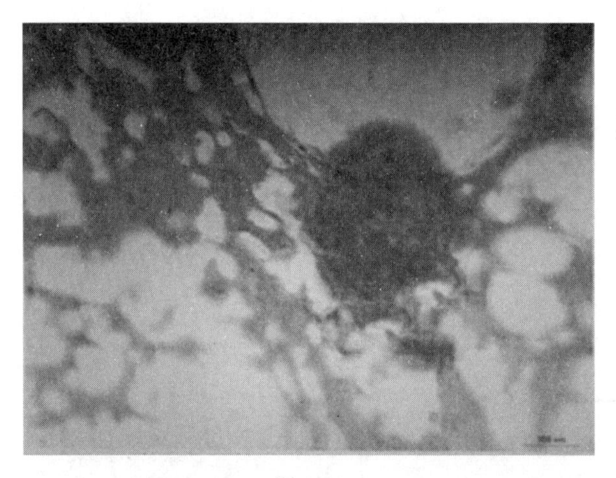

图 9-14

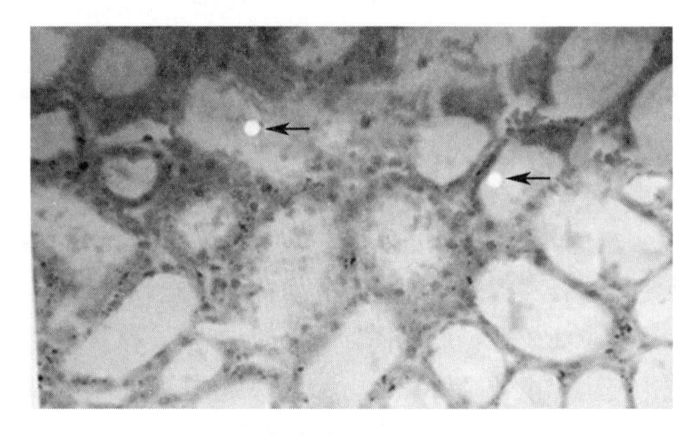

图 9-15

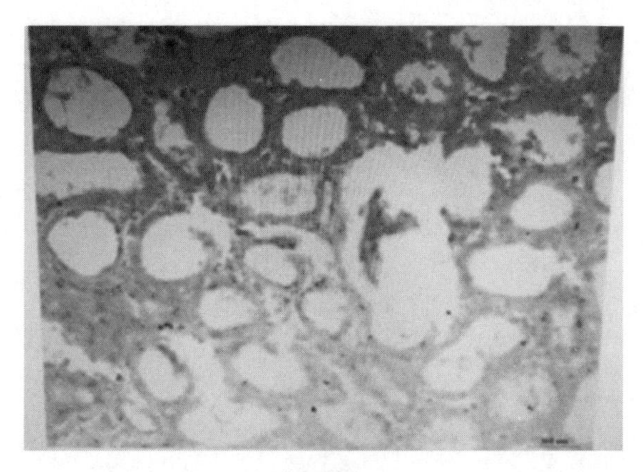

图 9-16

（11）图 9-17 中黑色圈内的结构是什么组织？

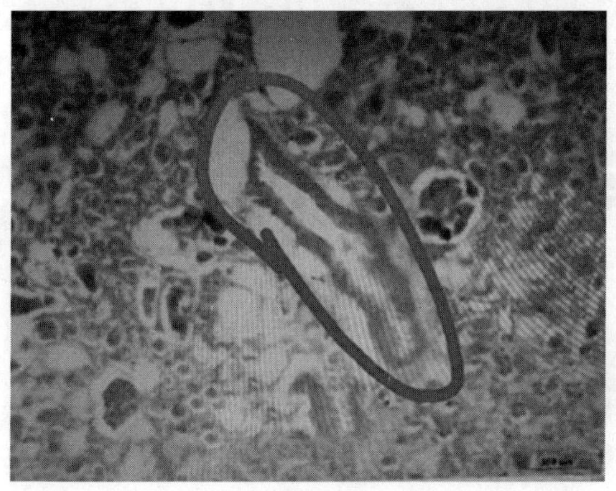

图 9-17

（12）图 9-18 中黑色圈内的黑点是什么组织？
（13）图 9-19 中白色圈内区域为什么是红色的？红细胞有破裂吗？
（14）图 9-20 中炎性细胞在哪里？
（15）图 9-21 中黑色圈内病变是瘀血吗？
（16）图 9-22 中灰色圈内是肾小球吗？
（17）亚急性肾小球肾炎、间质性肾炎、间质性肾充血中的絮状物质一样吗？
（18）如果动物患了间质性肾炎，最有价值的诊断手段是什么？
（19）肾小球肾炎病变中肾小管管腔中的絮状物质是纤维素，还是坏死的上皮？
（20）间质性肾炎有几个时期？髓质大量崩解属于哪一种？
（21）如何区分白斑肾和肾脓肿？

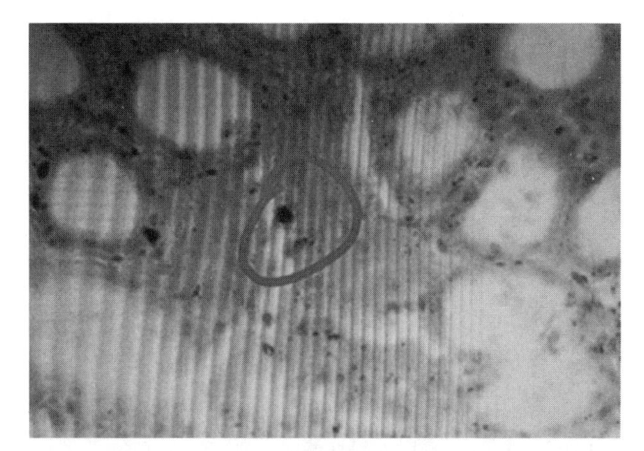

图 9-18

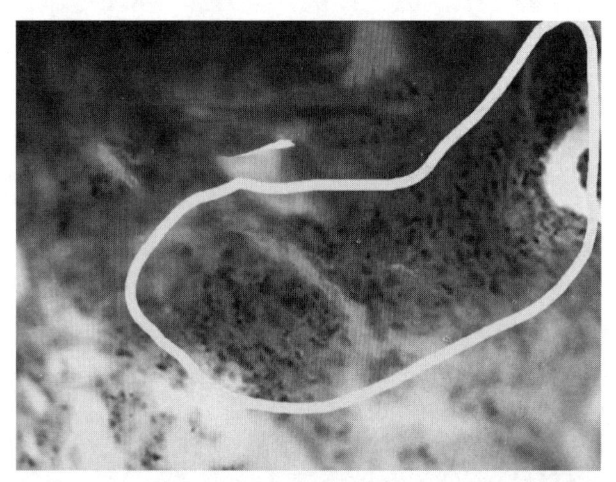

图 9-19

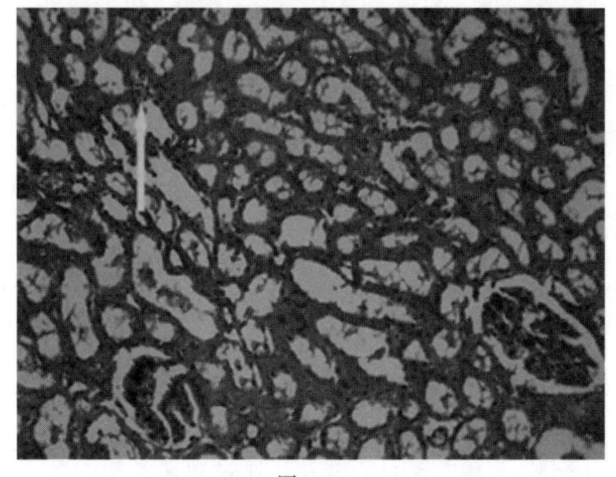

图 9-20

图 9-21

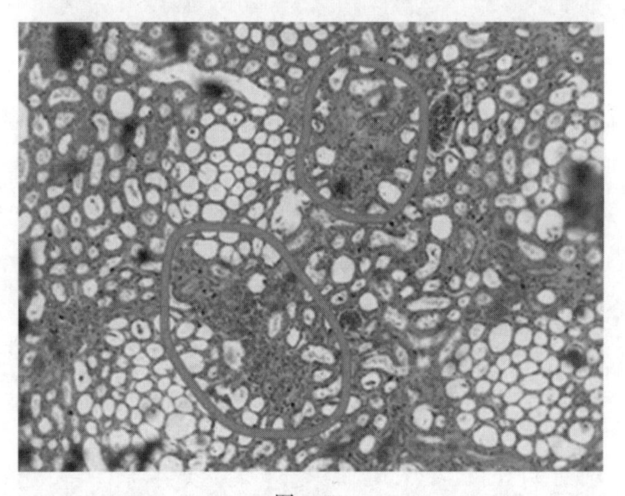

图 9-22

四、考核阶段

（一）考核内容

从间质性肾充血、亚急性肾小球肾炎、间质性肾炎的显微病理变化图中，选取具有代表性的病理图片作为情景问题考卷。

（二）考核方式

每次实验课准备 4～6 套情景问题考卷，通过雨课堂教学系统下发，每个情景问题考卷包含了 4～6 个小问题，由学生进行病理图分析与观察，进行答题。

（三）考核评分

每个情景问题考卷100分，每个小问题为10～20分，根据学生回答问题的情况，由雨课堂教学系统自动评分。

（四）情景问题

1. 如图9-23所示，肾脏病变图中有5个问题需要作答，具体如下：

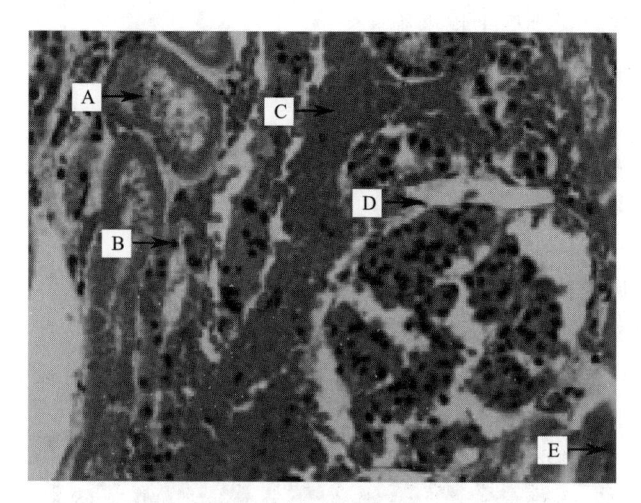

图9-23

（1）图中“A”是（　　）

A. 肾小管上皮细胞坏死

B. 肾小管上皮细胞

C. 瘀血

D. 脱落、坏死肾小管上皮细胞

E. 纤维细胞

（2）图中“B”是（　　）

A. 肾小管上皮细胞坏死

B. 肾小管上皮细胞

C. 瘀血

D. 脱落、坏死肾小管上皮细胞

E. 纤维细胞

（3）图中“C”是（　　）

A. 肾小管上皮细胞坏死

B. 肾小管上皮细胞

C. 瘀血

D. 脱落、坏死肾小管上皮细胞

E. 纤维细胞

(4) 图中“D”是（　　）

A. 肾小管上皮细胞坏死

B. 肾小管上皮细胞

C. 瘀血

D. 脱落、坏死肾小管上皮细胞

E. 纤维细胞

(5) 图中“E”是（　　）

A. 肾小管上皮细胞坏死

B. 肾小管上皮细胞

C. 瘀血

D. 脱落、坏死肾小管上皮细胞

E. 纤维细胞

2. 如图 9-24 所示，肾脏病变图中有 5 个问题需要作答，具体如下：

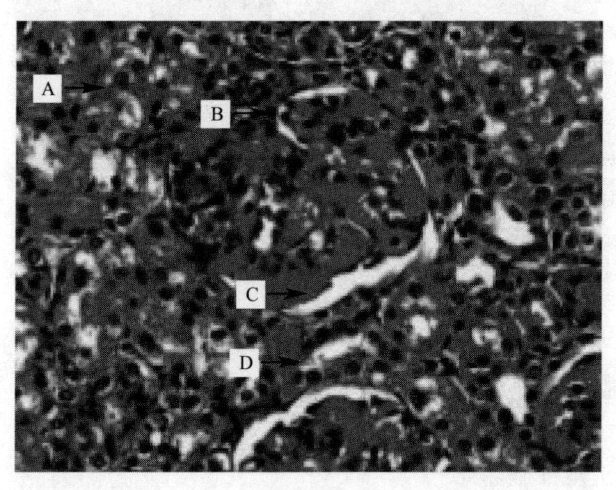

图 9-24

(1) 图中“A”是（　　）

A. 肾小管

B. 肾小管上皮细胞

C. 肾小球

D. 瘀血

E. 出血

（2）图中“B”是（　　）
A. 肾小管
B. 肾小管上皮细胞
C. 肾小球
D. 瘀血
E. 出血
（3）图中“C”是（　　）
A. 肾小管
B. 肾小管上皮细胞
C. 肾小球
D. 瘀血
E. 出血
（4）图中“D”是（　　）
A. 肾小管
B. 肾小管上皮细胞
C. 肾小球
D. 瘀血
E. 出血
（5）图中肾脏病变是（　　）
A. 急性肾小球肾炎
B. 亚急性肾小球肾炎
C. 慢性肾小球肾炎
D. 间质性肾小球肾炎
E. 化脓性肾炎
3. 如图 9-25 所示，肾脏病变图中有 5 个问题需要作答，具体如下：
（1）图中“A”是（　　）
A. 肾小管
B. “环状体”
C. 肾小球
D. 瘀血
E. 基底细胞
（2）图中“B”是（　　）
A. 肾小管
B. “环状体”

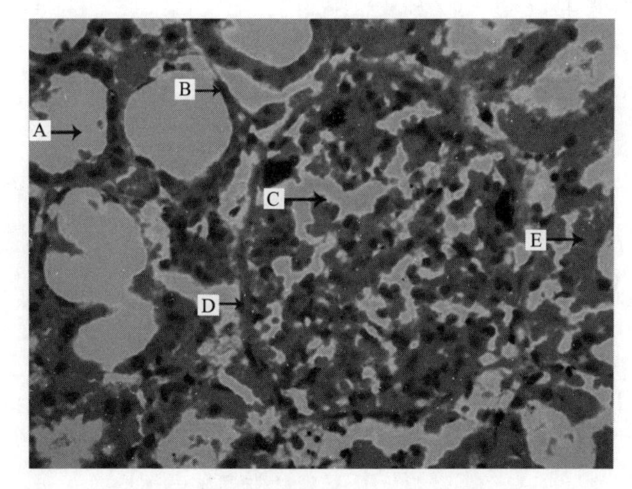

图 9-25

C. 肾小球

D. 瘀血

E. 基底细胞

(3) 图中“C”是（　　）

A. 肾小管

B. “环状体”

C. 肾小球

D. 瘀血

E. 基底细胞

(4) 图中“D”是（　　）

A. 肾小管

B. “环状体”

C. 肾小球

D. 瘀血

E. 基底细胞

(5) 图中“E”是（　　）

A. 肾小管

B. “环状体”

C. 肾小球

D. 瘀血

E. 基底细胞

4. 如图 9-26 所示，肾脏病变图中有 5 个问题需要作答，具体如下：

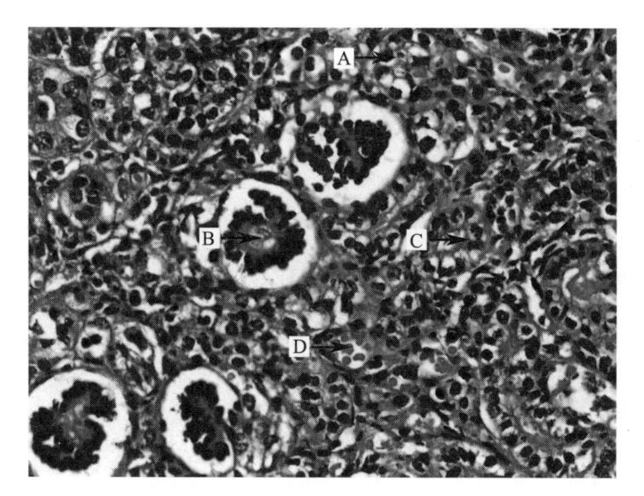

图 9-26

(1) 图中“A”是（　　）

A. 肾小管

B. 肾小管上皮细胞

C. 肾小球

D. 瘀血

E. 出血

(2) 图中“B”是（　　）

A. 肾小管

B. 肾小管上皮细胞

C. 肾小球

D. 瘀血

E. 出血

(3) 图中“C”是（　　）

A. 肾小管

B. 肾小管上皮细胞

C. 肾小球

D. 瘀血

E. 出血

(4) 图中“D”是（　　）

A. 肾小管

B. 肾小管上皮细胞

C. 肾小球

D. 瘀血

E. 出血

(5) 图中肾脏病变是（　　）

A. 急性肾小球肾炎

B. 亚急性肾小球肾炎

C. 慢性肾小球肾炎

D. 间质性肾小球肾炎

E. 化脓性肾炎

五、点评阶段

（一）点评内容

对本节课课堂师生交流中碰到的代表性问题以及考核环节中多数学生掌握薄弱的知识点进行重点强调。

（二）点评方式

通过广播教学方式，将同学们认知、掌握薄弱的知识点进行回放。

（刘海强）

实验十 神经系统病理

【Overview】

1. Necropsy

1.1 Brain stem atrophy

The lesion is not obvious in the brain. However, significant atrophy in the left brain stem is found.

1.2 Cerebellum atrophy

Significant atrophy is seen in the cerebellum.

1.3 Brain atrophy

The gyri in the cerebra are narrowed and the sulci are deeply widened.

1.4 Cerebral congestion

Severe venous congestion and arteriolar congestion are common.

2. Microscopic lesions

2.1 Neurocytic lesions

A large amount of coarse granular substances are observed in the swollen Purkinje cells of cerebella. Substantial vacuolar structures and deviated nuclei are found in the swollen degenerated neurons. After the destroyed structure of degenerated nerve cells, the degenerated neurons protruded, phagocytosed, decomposed and substantially proliferated oligodendrocytes are common. The atrophied volume of neurons, homogeneously red-stained cytoplasm, and the disappearance of nuclei are also found.

2.2 Cerebral edema

Some lesions such as hyperaemia, edema fluid are observed under low magnification. Firstly, microvascular dilation and congestion in the brain tissue are common. Secondly, the dilation and congestion of venules and arterioles in subarachnoid space as well as a lot of edema fluid in the periphery of the vessel walls are observed. In addition, the formation of concentric ring structures can be seen due to the microvascular dilation and congestion and substantial edema fluids in the periphery of the vessel walls.

Under high magnification, the subarachnoid vascular area is dilated and congested, and there is a large amount of edema fluid around the vessel wall. The dilation and congestion of capillaries, substantial edema fluids around vessel walls as well as atrophied neurons are observed in the gray matter area. In addition, there are also more glial cells in the gray matter.

2.3 Nonsuppurative encephalitis

Some lesions such as hyperaemia, infiltration of inflammatory cells are common under low magnification. Thicker layers of inflammatory cell structures surrounded the outside of the vessel walls are seen in the arterioles and venules of the cerebral vascular area. The microvessels and capillaries in the brain tissue are surrounded by thin layer of exuding inflammatory cells. In addition, there are more perivascular cuffing in the pyramidal cell layer.

The major lesions contain infiltration of inflammatory cells, proliferations, hyperaemia and necrosis under high magnification. Firstly, the inflammatory cell layers of perivascular cuffing in the brain tissue include substantial lymphocytes, a small amount of macrophages, neutrophils and other inflammatory cells. Furthermore, the gliosis, and neuronal degenerations are observed near the perivascular cuffing. Substantial proliferations of microglia and oligodendrocytes, a number of neurophagia are common in the gray matter. Obvious proliferations of gliocytes, severe hyperaemia and hemorrhage of capillaries are common in the white matter. Inclusion body structure can be formed due to the substantial proliferation of viral particles in the neuronal cytoplasm. In addition, the coagulation and necrosis of neurons can also occur.

一、示范授课阶段

（一）实验目的

掌握神经细胞、脑水肿、化脓性脑炎、非化脓性脑炎等病理组织学诊断要点。

（二）仪器与耗材

1. 数码显微系统

2. 脑水肿（福尔马林固定大体标本）

3. 脑炎

（1）化脓性脑炎（福尔马林固定大体标本、病理组织切片）。

（2）非化脓性脑炎（福尔马林固定大体标本、病理组织切片）。

4. 擦镜纸、香柏油、显微镜物镜清洗液

（三）实验内容

1. 剖检病变

（1）脑干萎缩　大脑正常，左脑脑干显著萎缩。

（2）小脑萎缩　大脑正常，小脑显著萎缩。

（3）大脑萎缩　大脑脑回变窄，脑沟深陷。

（4）脑充血　静脉严重瘀血，小动脉充血。

2. 显微病变

（1）神经细胞病变　小脑普肯野氏细胞体积肿胀，胞浆内大量粗大颗粒样物质。变性神经元体积肿大，胞浆内出现大量空泡状结构，细胞核偏于一侧。变性神经元细胞结构破损，小胶质细胞突入胞体，对变性神经元胞体吞噬、分解。少突状胶质细胞大量增生。神经元细胞体积缩小，胞浆均质红染，细胞核消失。

（2）脑水肿

① 低倍镜：脑组织内微血管扩张充血，血管壁与周围神经纤维间空隙增大，存在多量水肿液；蛛网膜下腔小静脉瘀血、小动脉扩张充血、血管壁周边存在大量水肿液；脑组织内微血管扩张充血，管壁周围存在大量水肿液，形成“同心环状”结构。

② 高倍镜：蛛网膜下腔血管区扩张充血，管壁周围存在大量水肿液；脑灰质区毛细血管扩张充血、血管壁周围存在大量水肿液，神经元细胞在大量水肿液挤压下体积缩小；脑灰质中胶质细胞增生。

（3）非化脓性脑炎

① 低倍镜：脑血管区小动脉、小静脉扩张充血，管壁外侧包绕数层炎性细胞；脑组织内微血管、毛细血管外包绕单层炎性细胞（图 10-1）；锥体细胞层血管周围套结构较多（图 10-2）。

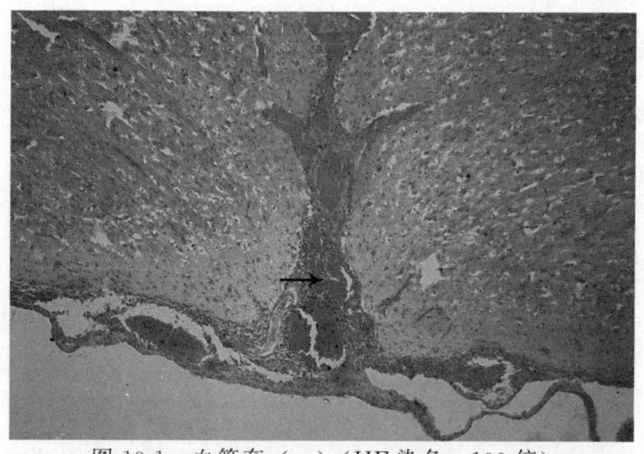

图 10-1　血管套（一）（HE 染色，100 倍）

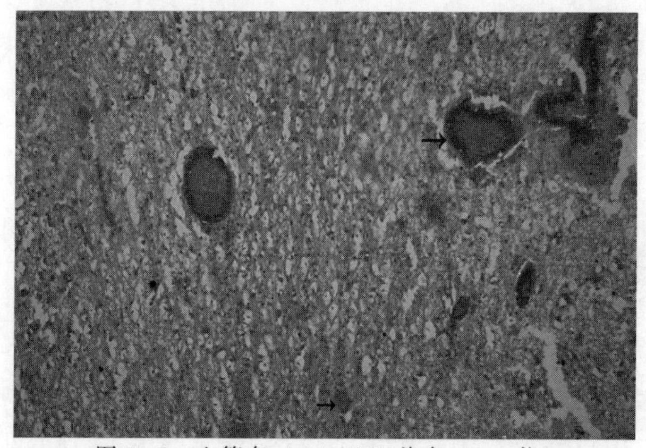

图 10-2　血管套（二）（HE 染色，100 倍）

② 高倍镜：脑组织内血管周围套炎性细胞层主要以淋巴细胞为主，以及少量巨噬细胞、中性粒细胞等，胶质细胞增生，神经元变性（图 10-3、图 10-4）。脑灰质中小胶质细胞、少突状胶质细胞大量增生，噬神经元现象较多；白质中胶质细胞增生显著，毛细血管扩张、充血、出血（图 10-5）；病毒颗粒在神经元细胞浆大量增殖，形成均质红染的包涵体结构，神经元固缩坏死（图 10-6）。

（四）课后作业

画出非化脓性脑炎低倍镜、高倍镜病理图，标出主要结构并用病理学术语描述。

二、病理组织切片观察阶段

（一）观察内容

脑水肿、非化脓性脑炎。

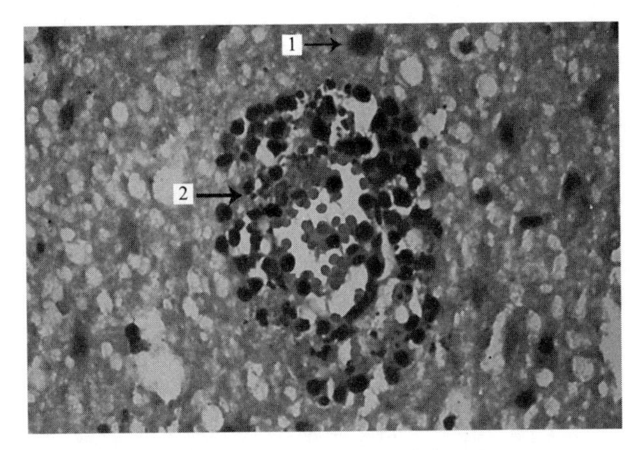

图 10-3　血管套（三）（HE 染色，400 倍）

1—变性神经元；2—炎性细胞层

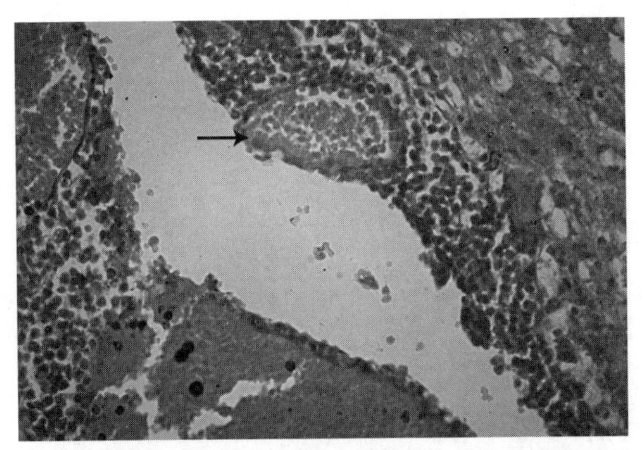

图 10-4 血管套（四）（HE 染色，400 倍）

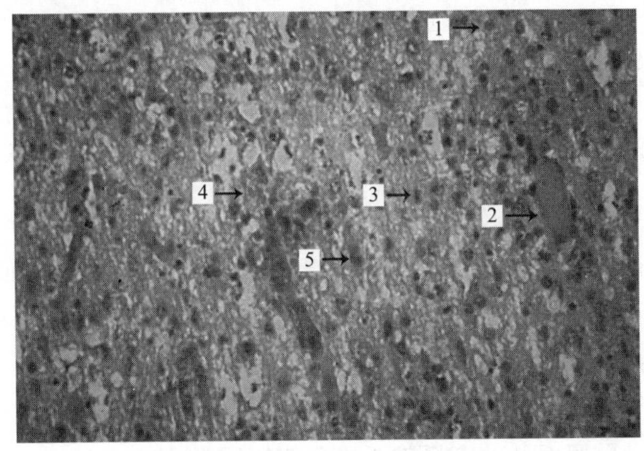

图 10-5　噬神经元现象（一）（HE 染色，400 倍）

1—少突状胶质细胞；2—弥漫性血管内凝血；3—小胶质细胞；4—出血；5—变性神经元

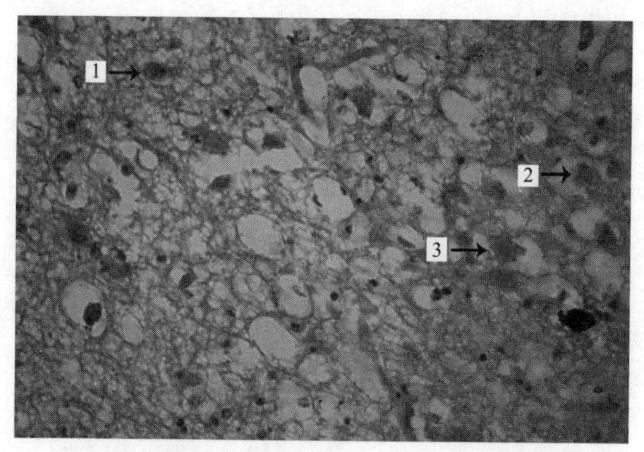

图 10-6 噬神经元现象（二）（HE 染色，400 倍）

1—包涵体；2—坏死神经元；3—噬神经元

（二）观察要求

1. 数码显微系统操作

要求每位学生认真、细致，认真操作数码显微系统，独立完成病理组织切片的观察。

2. 显微病理问题处理

要求每位同学准备 1 个笔记本，将观察病理组织切片过程中碰到的问题记录下来（至少 5 个问题）。

三、网络化分析问题阶段

（一）分组

座位相近或相邻的 4～6 名同学为一组。

（二）要求

要求小组的每位同学做好“三问”——问自己、问同学、问教师。首先，结合动物病理学理论教材、实验课教材，甚至互联网上的相关知识独自进行问题解答，与同学们进行分享解析过程；然后，碰到自己解答不了的问题，小组成员进行分析、讨论，协同集体智慧解析问题；最后，小组集体解决不了的问题，推送至雨课堂教学系统，师生一起进行网络化分析、讨论、交流，碰到具有代表性的问题，由教师通过数码系统的广播教学进行全班同学分享。

（三）问题汇总

（1）图 10-7 中标示的结构是什么？

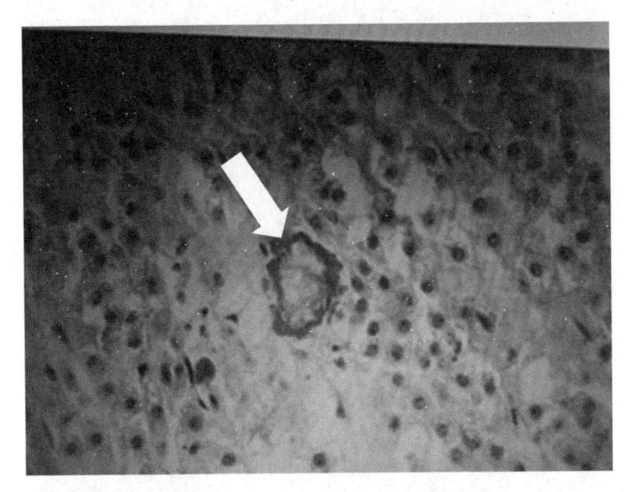

图 10-7

（2）在制作非化脓性脑炎切片时，用的染色剂是石蕊试剂吗？
（3）血管周围套结构中外层炎性细胞是哪种？
（4）如何区别脑炎和脑膜炎？
（5）为什么会出现卫星现象？
（6）脑内血管充血，都能形成血管套结构吗？
（7）为什么炎性细胞不能进入脑组织内部？
（8）星形胶质细胞的定位与作用是什么？
（9）如何在 HE 染色组织切片中鉴别星形胶质细胞？
（10）泡沫状细胞与水泡变性的形态学区别是什么？
（11）神经细胞固缩是坏死吗？
（12）小胶质细胞是如何吞噬变性神经元的？
（13）如何在形态上区分少突状胶质细胞与小胶质细胞？
（14）图 10-8 中黑圈内的结构是血管套吗？
（15）图 10-9 中“心形图案”是什么结构？是什么原因引起的？
（16）图 10-10 中黑圈内结构是脱落的细胞膜吗？
（17）图 10-11 中黑色圈内组织是什么？
（18）图 10-12 中黑色絮状线状结构是什么？
（19）图 10-13 中黑色小点是什么细胞？

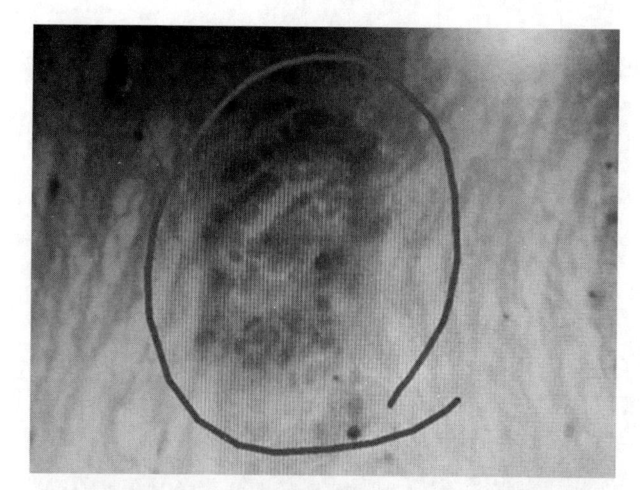

图 10-8

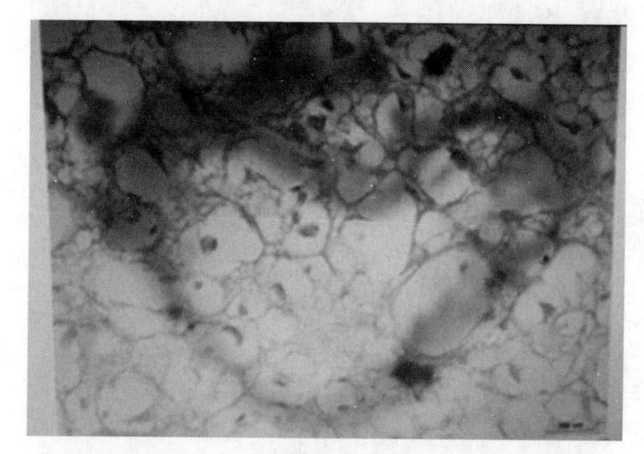

图 10-9

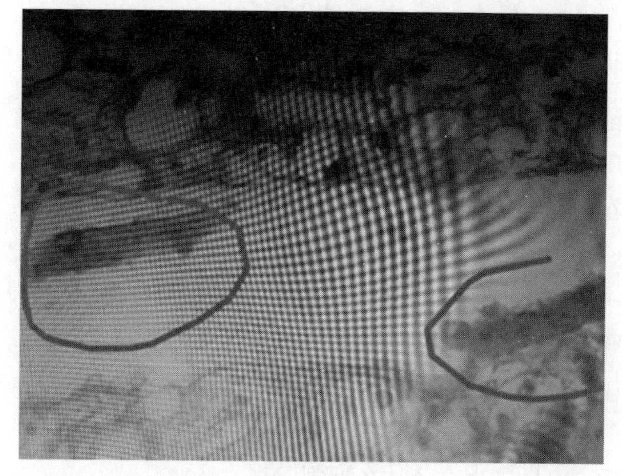

图 10-10

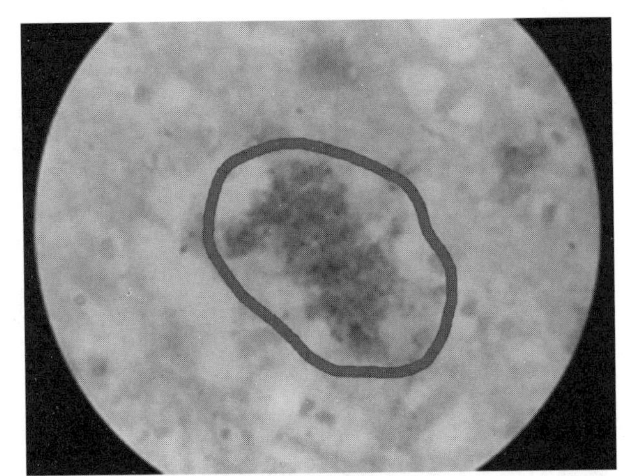
图 10-11

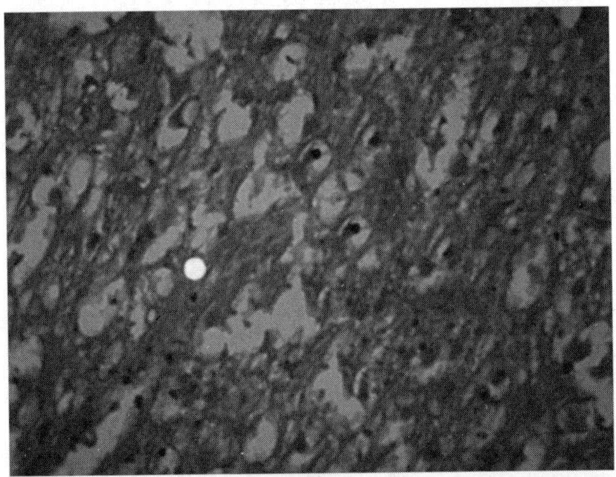
图 10-12

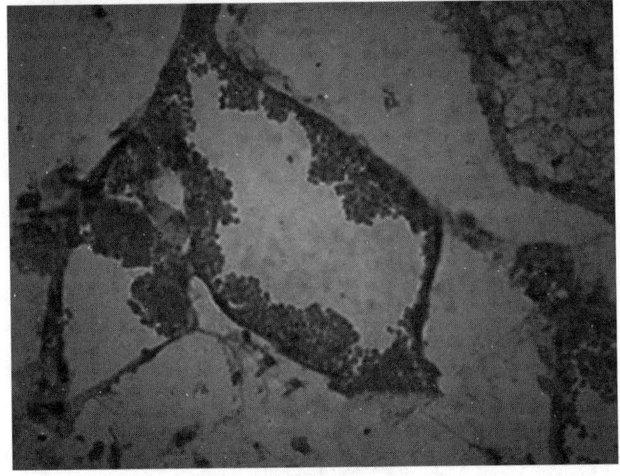
图 10-13

（20）图 10-14 中标示的结构是血管套吗？

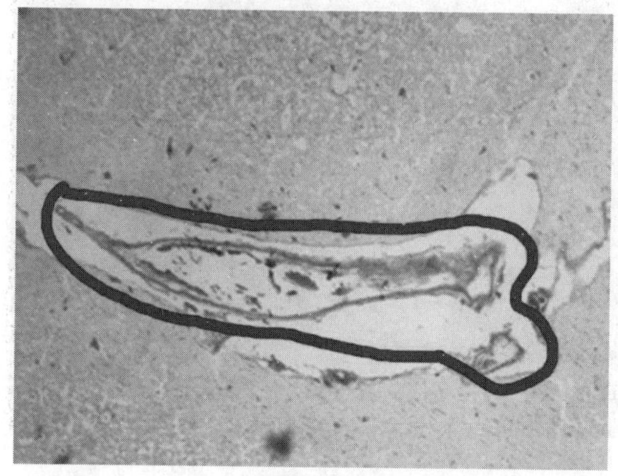

图 10-14

（21）图 10-15 中标示的是噬神经现象吗？

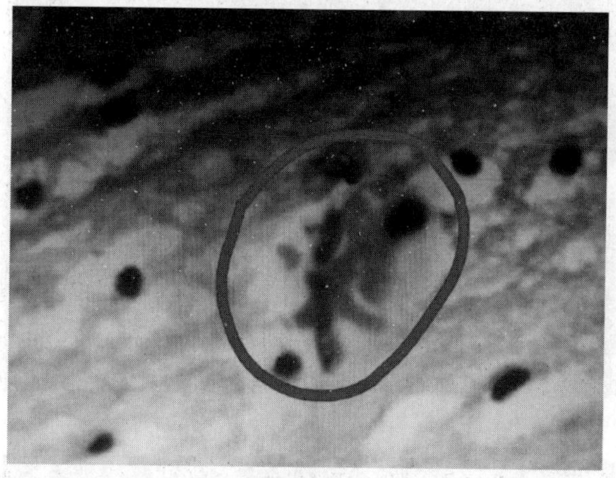

图 10-15

（22）图 10-16 中两个圆圈是什么？

（23）图 10-17 中的空白区域是什么？

（24）图 10-18 中灰色圈内的组织是脑白质吗？

（25）图 10-19 中灰色圈内的组织是脑白质吗？

四、考核阶段

（一）考核内容

从脑水肿、非化脓性脑炎的显微病理变化图中，选取具有代表性的病理图片作为情景问题考卷。

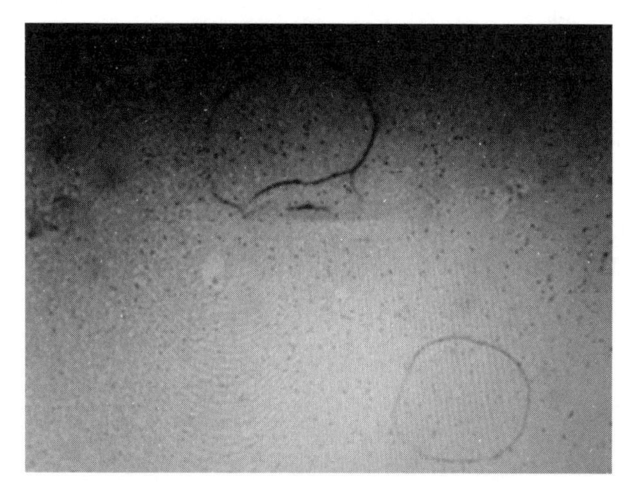
图 10-16

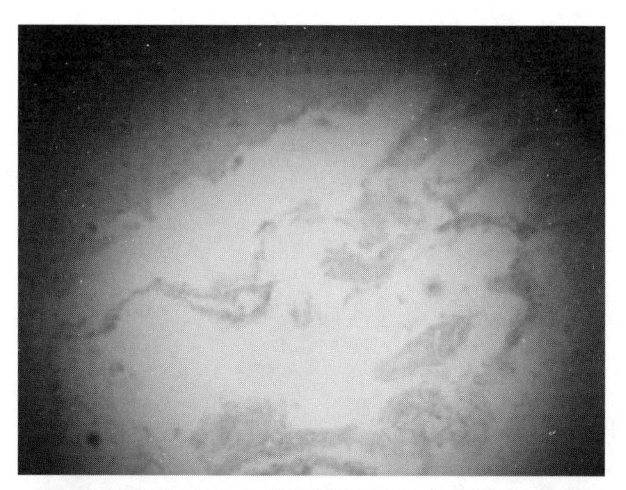
图 10-17

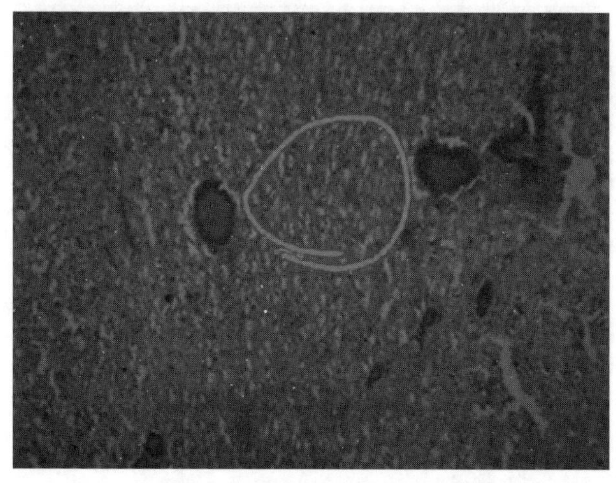
图 10-18

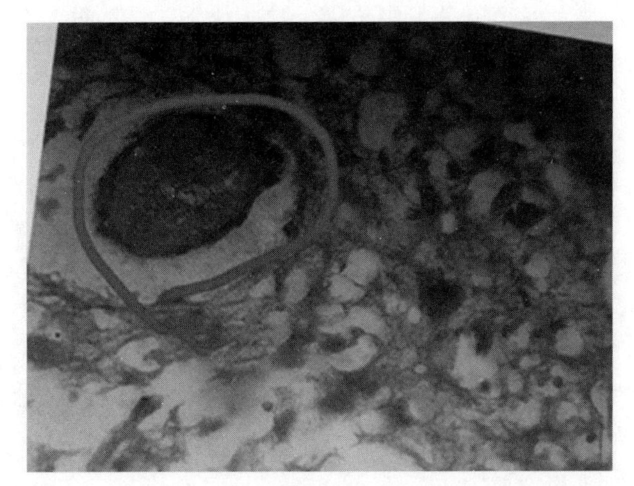

图 10-19

（二）考核方式

每次实验课准备 4～6 套情景问题考卷，通过雨课堂教学系统下发，每个情景问题考卷包含了 4～6 个小问题，由学生进行病理图分析与观察，进行答题。

（三）考核评分

每个情景问题考卷 100 分，每个小问题为 10～20 分，根据学生回答问题的情况，由雨课堂教学系统自动评分。

（四）情景问题

1. 如图 10-20 所示，神经组织病变图中有 5 个问题需要作答，具体如下：

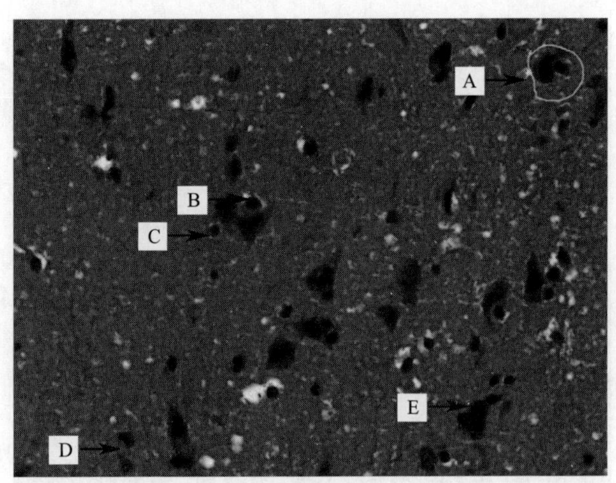

图 10-20

(1) 图中“A”是（　　）
A. 小胶质细胞
B. 少突状胶质细胞
C. 毛细血管
D. 神经元细胞
E. 噬神经现象
(2) 图中“B”是（　　）
A. 小胶质细胞
B. 少突状胶质细胞
C. 毛细血管
D. 神经元细胞
E. 噬神经现象
(3) 图中“C”是（　　）
A. 小胶质细胞
B. 少突状胶质细胞
C. 毛细血管
D. 神经元细胞
E. 噬神经现象
(4) 图中“D”是（　　）
A. 小胶质细胞
B. 少突状胶质细胞
C. 毛细血管
D. 神经元细胞
E. 噬神经现象
(5) 图中“E”是（　　）
A. 小胶质细胞
B. 少突状胶质细胞
C. 毛细血管
D. 神经元细胞
E. 噬神经现象
2. 如图 10-21 所示，神经组织病变图中有 5 个问题需要作答，具体如下：
(1) 图中“A”是（　　）
A. 小胶质细胞
B. 少突状胶质细胞

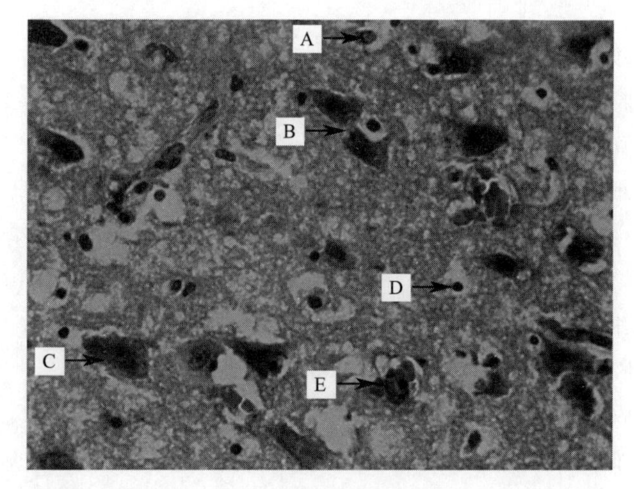

图 10-21

C. 毛细血管

D. 神经元细胞

E. 噬神经现象

(2) 图中“B”是（　　）

A. 小胶质细胞

B. 少突状胶质细胞

C. 毛细血管

D. 神经元细胞

E. 噬神经现象

(3) 图中“C”是（　　）

A. 小胶质细胞

B. 少突状胶质细胞

C. 毛细血管

D. 神经元细胞

E. 噬神经现象

(4) 图中“D”是（　　）

A. 小胶质细胞

B. 少突状胶质细胞

C. 毛细血管

D. 神经元细胞

E. 噬神经现象

(5) 图中“E”是（　　）

A. 小胶质细胞

B. 少突状胶质细胞

C. 毛细血管

D. 神经元细胞

E. 噬神经现象

3. 如图 10-22 所示，神经组织病变图中有 5 个问题需要作答，具体如下：

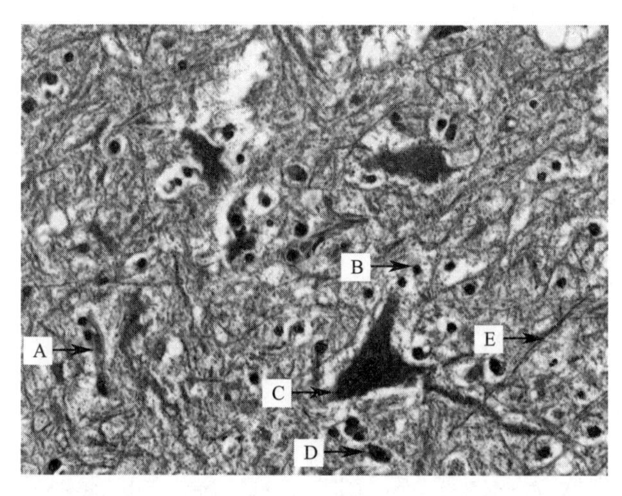

图 10-22

(1) 图中“A”是（　　）

A. 小胶质细胞

B. 少突状胶质细胞

C. 毛细血管

D. 神经元细胞

E. 神经鞘

(2) 图中“B”是（　　）

A. 小胶质细胞

B. 少突状胶质细胞

C. 毛细血管

D. 神经元细胞

E. 神经鞘

(3) 图中“C”是（　　）

A. 小胶质细胞

B. 少突状胶质细胞

C. 毛细血管

D. 神经元细胞

E. 神经鞘

(4) 图中“D”是（　　）

A. 小胶质细胞

B. 少突状胶质细胞

C. 毛细血管

D. 神经元细胞

E. 神经鞘

(5) 图中“E”是（　　）

A. 小胶质细胞

B. 少突状胶质细胞

C. 毛细血管

D. 神经元细胞

E. 神经鞘

4. 如图 10-23 所示，神经组织病变图中有 5 个问题需要作答，具体如下：

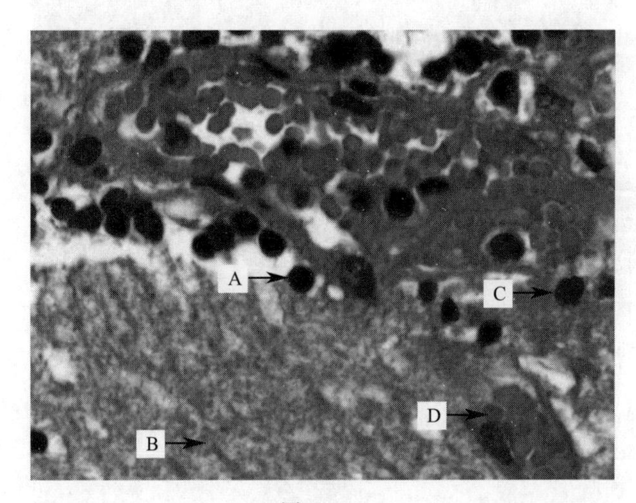

图 10-23

(1) 图中“A”是（　　）

A. 小胶质细胞

B. 毛细血管

C. 淋巴细胞

D. 中性粒细胞

E. 神经鞘

(2) 图中“B”是（　　）

A. 小胶质细胞
B. 毛细血管
C. 淋巴细胞
D. 中性粒细胞
E. 神经鞘
(3) 图中“C”是(　　)
A. 小胶质细胞
B. 毛细血管
C. 淋巴细胞
D. 中性粒细胞
E. 神经鞘
(4) 图中“D”是(　　)
A. 小胶质细胞
B. 毛细血管
C. 淋巴细胞
D. 中性粒细胞
E. 神经鞘
(5) 图 10-23 病理变化是(　　)
A. 噬神经现象
B. 噬神经结节
C. 周围血管套
D. 包涵体
E. 脱神经鞘现象

五、点评阶段

(一) 点评内容

对本节课课堂师生交流中碰到的代表性问题以及考核环节中多数学生掌握薄弱的知识点进行重点强调。

(二) 点评方式

通过广播教学方式，将同学们认知、掌握薄弱的知识点进行回放。

(刘志军、刘梅、王俊锋、王国永、李翔)

实验十一 家禽尸体病理剖检诊断

【Overview】

1. In Vitro examination

1.1 Natural pores

The colors of the eyes, ears, mouth, and nose in the head need to be checked. Subsequently, the secretions from the eyes, ears, mouth, and nose have to be checked. Finally, whether there is fecal contamination around the cloaca of the tail have to be observed.

1.2 Skin

The pathological changes in the color of the crown of the head such as the color of skin, the swollen degree of the skin, the luster of feathers and so on need to be checked.

2. Internal examination

2.1 Subcutaneous examination

Subcutaneous lesions containing congestion, hemorrhage, edema, etc need to be checked.

2.2 Muscle examination

The examinations in the muscle contain the observation of necrosis, abscess, congestion, hemorrhage, etc.

2.3 Examination of the digestive tract in the head and neck

The examinations in the digestive tract in the head and neck contain the inspection of swelling, bleeding, congestion, ulcers in the oral cavity, throat, and esophagus mucosa.

2.4 Examination of organs in the anocelia

The examinations contain the inspection of ascites, the color and volume of the lungs, the pericardium, the color of the surface of the heart, etc.

2.5 Examination of abdominal organs

The examinations of abdominal organs contain the inspection of ascites, bleeding, fibrinous exudate, color of stomach, liver, spleen, kidney, etc.

2.6 Examination of immune organs

The examinations of contain the inspection of the color, size, texture, vascular status of the immune organs such as thymus, spleen, bursa.

2.7 Examination of cranial cavity and brain

The examinations of contain the color, size, texture, vascular status of meninx and brains.

一、示范授课阶段

（一）实验目的

家禽尸体剖检技术是动物疾病诊断非常重要的技术手段之一，通过对家禽尸体病变进行识别、判断，通过特征性病理变化对家禽疾病进行初步诊断，能为家禽疾病防制提供重要临床依据，也是动物医学类相关专业工作者必须掌握的基本技能。

（二）仪器与耗材

1. 多媒体教学系统

2. 实验动物

法氏囊患病鸡（法氏囊病毒攻毒致病）。

3. 实验仪器

小动物解剖台，超净工作台。

4. 实验耗材与试剂

解剖刀、手术剪刀、镊子、甲醛、标本缸、酒精灯、接种环、无菌平皿、量尺、量杯、天平、搪瓷盘、桶、酒精灯、注射器、载玻片、广口瓶、工作服、胶手套、胶靴等；常用的消毒药有3%来苏儿、0.1%新洁尔灭、百毒杀、易克林及含氯消毒剂等。

（三）实验内容

1. 体表检查

（1）天然孔　检查病禽眼、耳、口、鼻的色泽变化，有无分泌物，尾部的泄殖腔周围有无粪便污染等。

（2）皮肤　检查病禽头部皮肤、冠髯色泽变化，有无肿胀，羽毛的光泽变化等。

2. 内部检查

（1）皮下检查　用消毒水淋湿病禽羽毛，从腹部剪开，分离皮肤与肌肉，检查皮下血管有无充血、出血、水肿等。

（2）肌肉检查　重点检查胸肌、腿肌，表、切面有无坏死灶、脓肿灶、充血、出血斑点等。

（3）头颈部消化道检查　手术剪刀沿病禽嘴角向嗉囊方向剪开，检查口腔、喉头、食管黏膜是否肿胀、出血、充血，有无溃疡灶等。

（4）胸腔脏器的检查　打开胸腔，检查肺脏色泽、体积，心包有无异常，心脏表、切面的颜色等。

（5）腹腔脏器的检查　打开腹腔，检查腹腔内有无腹水、出血、纤维素性渗出物，胃肠、肝脏、脾脏、肾脏的色泽变化、体积变化等。

（6）免疫器官检查　在病禽颈部解剖出胸腺，观察其体积、色泽等变化；从腹腔取出脾脏，观察其体积、色泽变化；然后提起直肠，在直肠与泄殖腔下解剖出法氏囊，观察其表面体积、色泽变化；剖开法氏囊，检查法氏囊黏膜色泽变化，有无浆液性-黏液性-纤维素性渗出物。

（7）颅腔及脑的检查　剥离皮肤，去除颅骨，暴露脑组织，观察大脑、中脑、间脑、小脑，检查其色泽变化，有无出血、充血、脓肿等病理变化，再切开脑组织内部，检查切面脑组织的色泽、大小、质地、血管状态等。

（四）病理材料处理

1. 细菌检测处理

无菌采集组织，压片，进行细菌检验等。

2. 病毒检测处理

采集血清或组织进行血清学或病原学检测。

3. 形态检测处理

4%甲醛溶液固定或冷冻病变组织，制作组织切片，进行显微病变检查或免疫学检查。

（五）课后作业

（1）鸡形态解剖检查的一般顺序与病理性解剖诊断的关键部位有哪些？

（2）家禽病理解剖诊断与形态解剖检查的区别是什么？

（3）免疫病理检查在禽病诊断中的地位与意义如何？

二、病理剖检观察阶段

（一）观察内容

肝脏、心脏、脾脏、肾脏、胰脏、胃肠等病理变化。

（二）观察要求

1. 多媒体数码教学系统

要求每位学生认真、细致，认真学习电教视频中的家禽解剖要领。

2. 解剖病理问题处理

要求每个小组指定一名同学进行问题记录，将观察病理变化过程中碰到的问题记录下来（至少5个问题），同时拍照。

三、网络化分析问题阶段

（一）分组

座位相近或相邻的4～6名同学为一组。

（二）要求

要求小组的每位同学做好“三问”——问自己、问同学、问教师。首先，结合动物病理学理论教材、实验课教材，甚至互联网上的相关知识独自进行问题解答，与同学们进行分享解析过程；然后，碰到自己解答不了的问题，小组成员进行分析、讨论，协同集体智慧解析问题；最后，小组集体解决不了的问题，推送至雨课堂教学系统，师生一起进行网络化分析、讨论、交流，碰到具有代表性的问题，由教师通过数码系统的广播教学进行全班同学分享。

（三）问题汇总

（1）为什么接剖病鸡前使用颈静脉放血，而不是咽喉放血？

(2) 为什么解剖病鸡前要进行外部观察？

(3) 为什么病鸡粪便呈现灰白色？

(4) 鸡的法氏囊的具体位置在哪，如何在解剖时快速找到其位置？

(5) 法氏囊病患鸡的肝脏呈土黄色，为什么？

(6) 为什么病鸡的肝脏有的呈现草绿色？

(7) 为什么病鸡脾脏呈现黑色肿大？

(8) 为什么肉眼观察不到病鸡脾脏的白髓？

(9) 为什么肿大的法氏囊内有较多水液？这些水液是什么物质？

(10) 法氏囊内的黄白色物质是什么？

(11) 法氏囊内膜的红色斑块是什么？

(12) 病鸡腹腔内膜覆盖的黄色物质是什么？

(13) 病鸡腺胃黏膜的红色斑块是什么？

(14) 为什么在病鸡心脏观察不到虎斑心的典型病变？

(15) 为什么解剖出来的病变仅仅一部分与教材上法氏囊病变相符？

(16) 为什么固定、保存病变组织要用福尔马林溶液？

(17) 如何完整取下鸡肾脏？

四、考核阶段

(一) 考核内容

从内脏的眼观病理变化图中，选取具有代表性的病理图片作为情景问题考卷。

(二) 考核方式

每次实验课准备 4～6 套情景问题考卷，通过雨课堂教学系统下发，每个情景问题考卷包含了 4～6 个小问题，由学生进行病理图分析与观察，进行答题。

(三) 考核评分

每个情景问题考卷 100 分，每个小问题为 10～20 分，根据学生回答问题的情况，由雨课堂教学系统自动评分。

(四) 情景问题

1. 如图 11-1 所示，法氏囊病患鸡皮肤血管病变是（ ）

A. 瘀血

B. 出血

C. 贫血

D. 梗死

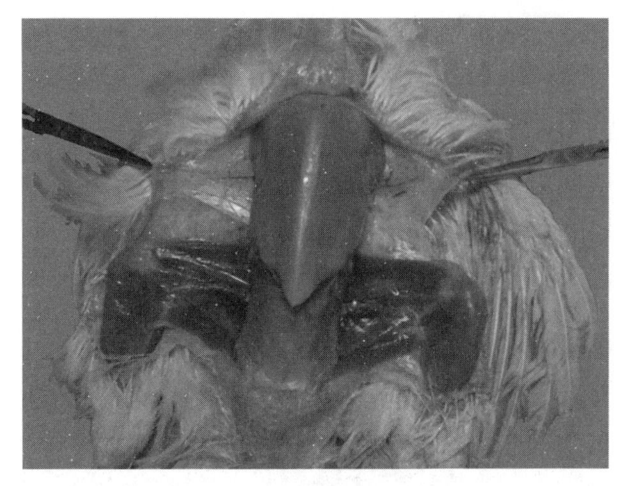

图 11-1

2. 如图 11-2 所示，法氏囊病患鸡嗉囊黏膜病变是（　）

A. 浆液性炎症

B. 纤维素性炎症

C. 出血性炎症

D. 化脓性炎症

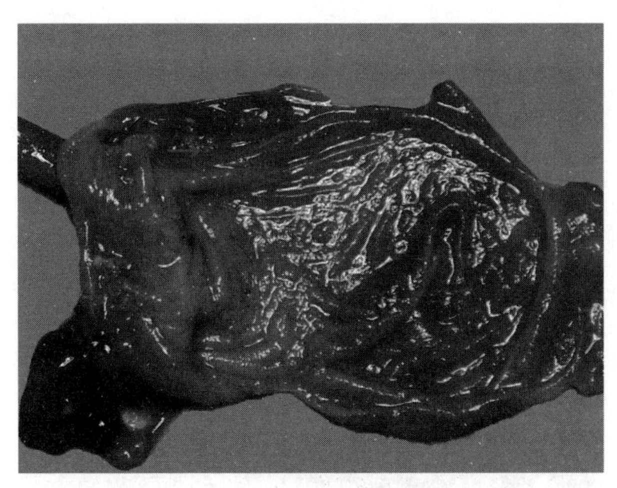

图 11-2

3. 如图 11-3 所示，箭头标示法氏囊病患鸡腺胃黏膜病变是（　）

A. 瘀血

B. 出血

C. 贫血

D. 梗死

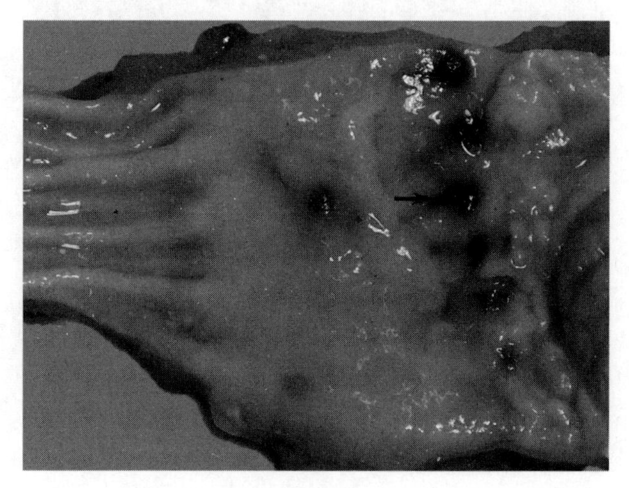

图 11-3

4. 如图 11-4 所示，箭头标示法氏囊病患鸡腺胃黏膜病变是（　）

A. 瘀血

B. 出血

C. 贫血

D. 梗死

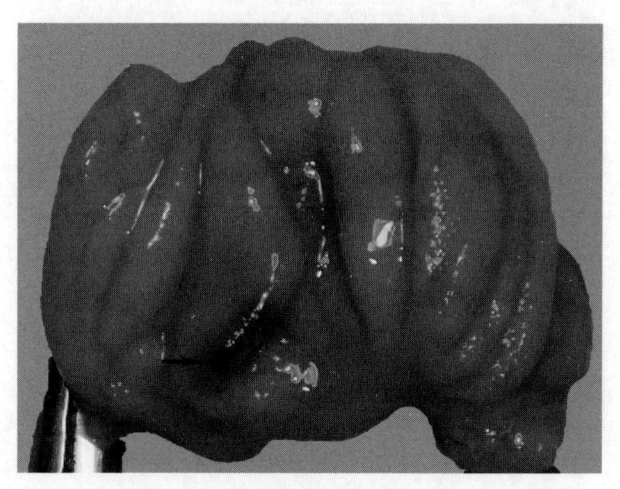

图 11-4

5. 如图 11-5 所示，箭头标示法氏囊病患鸡大脑病变是（　）

A. 瘀血
B. 出血
C. 贫血
D. 梗死

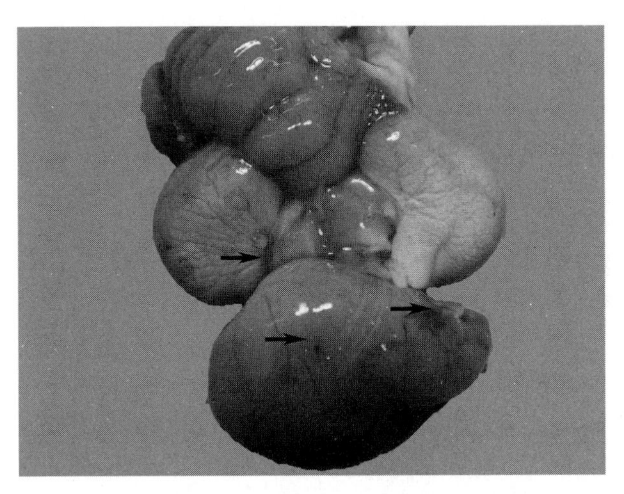

图 11-5

五、点评阶段

（一）点评内容

对本节课课堂师生交流中碰到的代表性问题以及考核环节中多数学生掌握薄弱的知识点进行重点强调。

（二）点评方式

通过广播教学方式，将同学们认知、掌握薄弱的知识点进行回放。

（张旻、刘海强）

参考文献

[1] 鲍恩东，等．动物病理学．北京：中国农业科技出版社，2001.

[2] 陈耀星，等．兽医组织学彩色图谱．2版．北京：中国农业大学出版社，2007.

[3] 马学恩，等．家畜病理学．4版．北京：中国农业出版社，2007.

[4] 陈怀涛，等．兽医病理学原色图谱．北京：中国农业出版社，2008.

[5] 李健，等．鸡解剖组织彩色图谱．北京：化学工业出版社，2014.

[6] 龙塔，高洪，等．动物性食品病理学检验．北京：中国农业出版社，2015.

[7] 刘志军，等．鹅解剖组织彩色图谱．北京：化学工业出版社，2017.

[8] 刘志军，廖成水，等．动物病理学实验指导彩色图谱．北京：中国农业出版社，2018.

[9] 刘志军，等．副猪嗜血杆菌病病理解剖组织学彩色图谱．北京：中国农业出版社，2019.

[10] 刘志军，等．猪弓形虫病病理解剖组织学彩色图谱．北京：中国农业出版社，2019.

[11] 谭勋，等．动物病理学（双语）．杭州：浙江大学出版社，2020.